资深室内设计师，上海尔木空间设计咨询有限公司董事/设计总监；毕业于英国拉夫堡大学，艺术与设计硕士，并获得伦敦艺术大学中央圣马丁艺术学院家具设计证书，伦敦艺术大学传媒学院色彩管理、设计管理证书；主持设计过多个国际品牌酒店、精品酒店、会所和精装样板房等项目，并荣获多项国际设计大奖。

郑楠

高级室内设计师，进修于英国皇家艺术学院，曾获"十大软装女性设计师""中国建筑装饰设计百位名师""最佳设计作品金奖"等荣誉，作品刊登于《创新中国空间设计艺术大赛作品集》《中国建筑装饰装修》等刊物。

陆祎

资深软装设计师，高级室内建筑师，江苏南通三建建筑装饰有限公司新疆设计院设计总监，新疆书法家协会会员。

张会英

资深室内设计师，特级环境设计师（中国建筑装饰协会）；江苏南通三建建筑装饰有限公司南昌设计院院长。

朱晓宇

上海城建职业学院英语教师，英语类国家一级翻译（高级职称），担任本书英文翻译工作。

李静

Index
微课视频列表

序号	相关章节	二维码	名称
1	全书简介		书籍简介
2	第一篇 第二章		软装设计流程
3	第一篇 第二章		软装采购项目工作流程
4	第二篇		软装设计的元素
5	第三篇 第十章		案例分享——新中式风格软装搭配

序号	相关章节	二维码	名称
6	第三篇 第十二章		案例分享——东南亚风格软装搭配
7	第三篇 第十三章		案例分享——法式风格软装搭配
8	第三篇 第十四章		案例分享——轻奢风格软装搭配
9	第三篇 第十五章		案例分享——北欧风格软装搭配
10	第三篇 第十六章		案例分享——现代风格软装搭配

Foreword / 前言

被称为现代室内软装设计的装饰艺术形式发源于欧洲。20世纪以来，随着信息全球化，人们普遍接受并追求舒适而富有艺术气息的室内环境，室内软装的业态在世界各地由此正变得越来越火热。给室内做美化，早在数千年前，甚至万余年前就已经出现，在世界多地发掘的洞窟、墓室、神庙、地下废墟等，都能看到图腾、壁画、雕饰等装饰形式；随着人类社会生产力的不断进步，装饰艺术与建筑的关系变得越来越密切，装饰形态也变得越来越丰富，逐渐形成了相对独立的体系。在结构技术突飞猛进的当代社会里，建筑的内部空间不断被扩大，其使用功能也日趋复杂，建筑内部空间不仅需要科学地划分，而且还需要不断地美化，以全面满足人的精神文化、行为、心理和生理等方面的需求；室内设计逐渐成为由建筑设计衍生出来，同时可以独立于建筑设计存在的一门重要学科，室内软装设计则无疑成了在室内美化过程中画龙点睛的所在。

软装设计是一个系统工程，无论设计者还是使用者，都有一个心理预期。设计者提供对空间改造、造型美化、功能改良、面饰布色、灯光照明、家具选择，乃至绿植装置等诸多方面设计方案的落实；使用者则对最终的装饰风貌做出选择性的判断：喜欢，或不喜欢。因此，二者的互动关联属审美取向的呼应关系，室内空间装饰的美、特、奇，需要通过合理、创新和文化来加以综合体现，以获得彼此预期的装饰效果。很显然，这种预期需要具体落实在色彩、面饰设计、家具陈设、灯具及照明、布艺搭配、摆件配置、绿植装置，以及色彩的整体设计上，以构成某种装饰风格的具体面貌。

本书作为年轻的设计师、室内设计专业学生及软装爱好者的参考书，共三篇十九章，依据室内软装的一般规律和读者的速查习惯，对设计内容、设计方法、设计程序做了概述。书中重点针对色彩搭配、面饰设计、家具陈设、灯具及照明、布艺搭配、摆件配置、绿植装置这七大元素以分门别类的图表形式进行讲解，并提供了搭配特点和设计经验，此外还以"小贴士"的形式加入了传统国家文化与现代软装的设计应用相结合的知识点。第三篇分列出新中式、日式、东南亚、新古典、田园、北欧、现代、工业、艺术装饰、混搭十种常用软装风格搭配的案例分析，设置了若干思考题，希望能借此方式为年轻的设计师、室内设计专业学生和软装爱好者提供帮助。

本书文字力求简明扼要，案例力求分析到位，但由于篇幅有限，在梳理室内软装各要素时，对图片的选择有所限制。例如，摇椅有中式、西洋式、南亚式、工业风式等风格，书中只提供了西洋式摇椅图片，难以做到尽善尽美，这多少有些遗憾，还望读者谅解。

本书部分图片及资料由江苏南通三建建筑装饰有限公司设计总院和上海筑纳建筑装饰设计工程有限公司提供。另外，本书内容参考了相关文献和资料，在此一并表示感谢。

编者

Contents / 目录

Contents / 目录

Section 1

第一篇
设计概述

　　在室内设计中，室内建筑的设计可以称为硬装设计，而室内陈设艺术设计可以称为软装设计或软装饰设计。室内陈设艺术,是室内设计中整体空间艺术形象的创造,一般是指在室内解决好功能实用的前提下,运用形式语言来表现室内陈设艺术的题材、主题、情感和意境,采用形象化、意象化、抽象化的符号,并进一步对这些符号加以整合,即按照所要表现的陈设艺术主题,对题材进行权衡、选择、熔炼、精化,再进行艺术组织、经营调度,以符合空间艺术构图要求。

Chapter 1 / 第一章
设计内容与方法

1.1 设计内容

1.1.1 整体构思风格确定

在执行方案之前，需要多跟客户进行交流沟通，了解客户的生活方式、工作习惯、兴趣爱好及经济状况等，从整体上综合策划软装设计方案，体现出业主的个性品位、颜色喜爱以及对于软装风格的偏好。在参考客户意见的同时，要对客户进行科学、专业的引导，避免出现反复修改方案的情况，然后确定软装方案，以满足客户的需求（见图1-1~图1-3）。

图 1-1

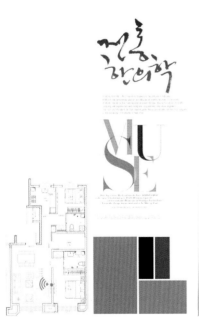

户型 A 客厅软装搭配图

图 1-2

材质说明

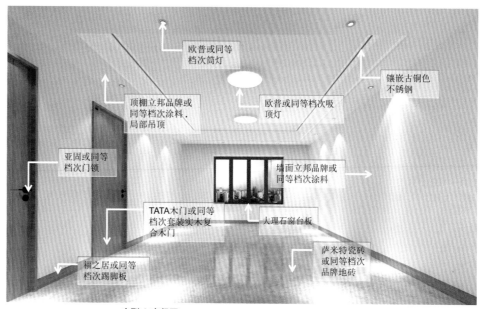

欧普或同等档次筒灯

镶嵌古铜色不锈钢

顶棚立邦品牌或同等档次涂料，局部吊顶

欧普或同等档次吸顶灯

亚固或同等档次门锁

墙面立邦品牌或同等档次涂料

TATA木门或同等档次套装实木复合木门

大理石窗台板

福之居或同等档次踢脚板

萨米特瓷砖或同等档次品牌地砖

户型 A 客餐厅

图 1-3

1.1.2 界面处理艺术塑造

室内界面，即围合室内空间的地面、墙面和顶面，人们使用和感受到的室内空间，但通常指直接看到或触摸到的室内界面（见图1-4）。

室内设计大多是在已建成的建筑中重塑空间，对已有的空间要素进行重组处理，但是有时往往缺乏空间整体意识，只注重细节丰富，而导致整体松散，可谓"只见树木不见森林"。为此，在室内设计中对点、线、面、体等局部的形态、材料、质感、色彩、光影的构成方式进行深入刻画时一定要注重空间的整体性和动态连续性。

对于室内界面的艺术塑造，既有功能和技术方面的要求，也有造型和美观上的要求。由材料实体构成的界面，在设计时重点需要考虑线形、色彩、材质和构造四个方面。图1-5~图1-8是某地产公司售楼中心案例解析。

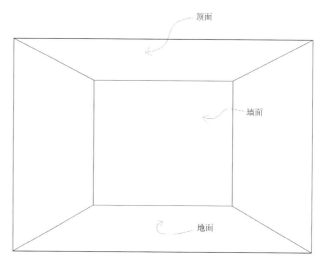

顶面

墙面

地面

图 1-4

平面图 Floor Plan

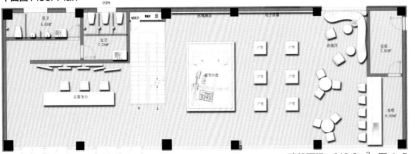

原有售楼中心的缺点：门洞较小；层高低，原始层高仅有4.2m；楼梯将单层仅有200多平方米的空间隔为两个一大一小的空间。优点：户型方正。

建筑面积：219.2m² 图 1-5

1.原始门洞较小，所以将其改到开场较大的空间，使客户进门便有开阔的感觉。

平面图 Floor Plan

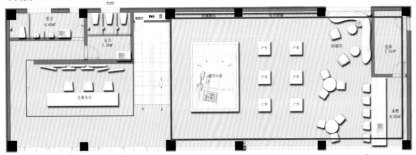

2.将主要的展示区域（沙盘展示、户型展示、电子屏幕展示）放在一楼开场较大的空间，总服务台也放在一楼，此外没有设置其他功能区，这样可以缓解空间在纵向上的缺点，使空间在横向上得以弥补。

建筑面积：219.2m² 图 1-6

3.将楼梯间的墙体拆除，将原有的楼梯裸露在售楼中心的大厅，像是艺术品陈列在大厅的一角，引人向上。独特的楼梯设计，使空间在纵向上贯通，增加楼上楼下的互动。

图 1-7

小贴士 Tips

软装设计师通过对场景的营造，根据客户喜好、特殊感情等因素进行设计，将硬装设计中的墙面、顶面围合成很难改变其形状的一次空间，利用软装方式将空间进行再创造，用敞开的楼梯、到顶的墙面装饰加以延伸和扩大空间，重新规划出可变的二次空间，使空间的使用功能更趋合理，让室内空间分割得更富层次感。

整个空间大面采用沉稳的中性色，局部墙面装饰及家具、灯具、地面等采用亮色来点缀，对界面进行艺术塑造处理，营造出一个大气的二次空间。

图 1-8

1.室内界面的设计要求

对地面、墙面、顶面等各类界面进行设计时，既有共同的要求，又需要根据其使用功能而设定某些特殊的要求。界面的装饰设计有地面装饰设计、墙面装饰设计、顶面装饰设计(见图1-9和图1-10)。

前台区域

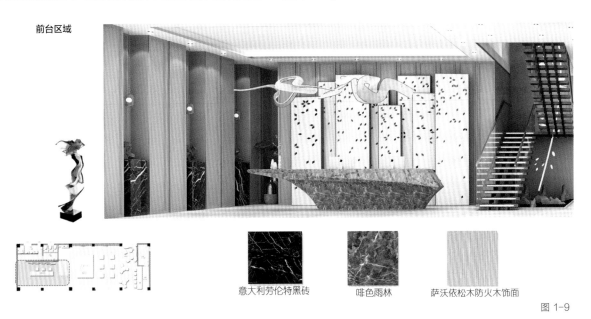

意大利劳伦特黑砖　　啡色雨林　　萨沃依松木防火木饰面

图 1-9

洽谈区域 / 水吧区

图 1-10

2.室内界面装饰材料的选用

室内界面装饰材料的选用直接影响到室内设计整体的实用性、经济性、环境气氛和外观。设计师应熟悉材料质地、性能特点，了解材料的价格和施工操作工艺要求，善于和精于运用当今先进的物质技术手段，为实现设计构思创造坚实的基础。

室内界面装饰材料的选用包括以下几个原则。

1）适应室内使用空间的功能性质。对于不同功能性质的室内空间，需要由相应类别的界面装饰材料来烘托室内的环境氛围，例如文教、办公建筑需要营造宁静、严肃的气氛；休闲、娱乐场所需要营造轻松、愉悦的气氛。这些气氛的塑造，与界面材料的色彩、质地、光泽、纹理等密切相关（见图1-11）。

2）适应建筑装饰的相应部位。不同的建筑部位，相应地对装饰材料的物理化学性能、观感等要求也各有不同，例如踢脚部位应选用强度高、易于清洁的装饰材料。

3）符合时尚的发展需要。装饰材料的发展日新月异，这要求软装设计师在熟悉各种传统装饰材料的基础上，了解各种新型材料的特点和用途，并应用于设计之中（见图1-12）。

4）要巧于用材。界面装饰材料的选用，还应注意"精心设计、巧于用材、优材精用、一般材质新用"。装饰标准有高低，即使高标准的室内装饰，也不应是昂贵材料的堆砌（见图1-13）。

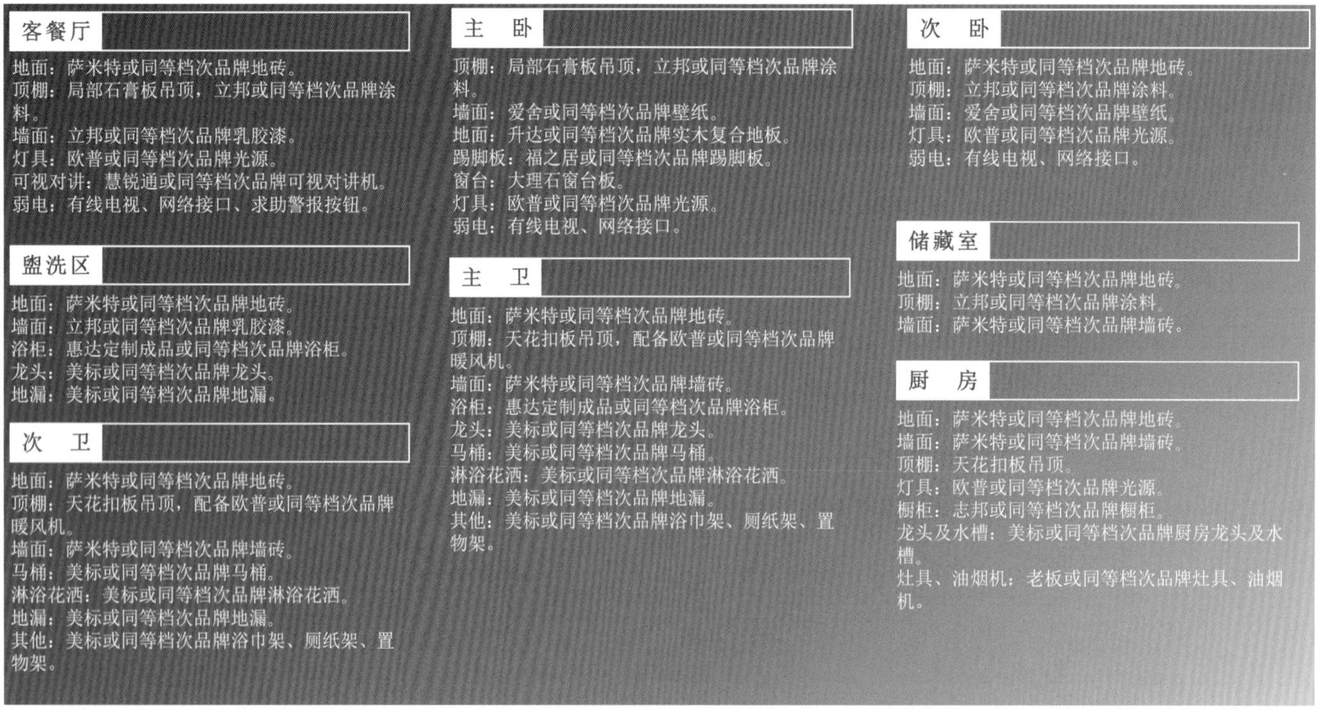

客餐厅
地面：萨米特或同等档次品牌地砖。
顶棚：局部石膏板吊顶，立邦或同等档次品牌涂料。
墙面：立邦或同等档次品牌乳胶漆。
灯具：欧普或同等档次品牌光源。
可视对讲：慧锐通或同等档次品牌可视对讲机。
弱电：有线电视、网络接口、求助警报按钮。

盥洗区
地面：萨米特或同等档次品牌地砖。
墙面：立邦或同等档次品牌涂料。
浴柜：惠达定制成品或同等档次品牌浴柜。
龙头：美标或同等档次品牌龙头。
地漏：美标或同等档次品牌地漏。

次卫
地面：萨米特或同等档次品牌地砖。
顶棚：天花扣板吊顶，配备欧普或同等档次品牌暖风机。
墙面：萨米特或同等档次品牌墙砖。
马桶：美标或同等档次品牌马桶。
淋浴花洒：美标或同等档次品牌淋浴花洒。
地漏：美标或同等档次品牌地漏。
其他：美标或同等档次品牌浴巾架、厕纸架、置物架。

主卧
顶棚：局部石膏板吊顶，立邦或同等档次品牌涂料。
墙面：爱舍或同等档次品牌壁纸。
地面：升达或同等档次品牌实木复合地板。
踢脚线：福之居或同等档次品牌踢脚板。
窗台：大理石窗台板。
灯具：欧普或同等档次品牌光源。
弱电：有线电视、网络接口。

主卫
地面：萨米特或同等档次品牌地砖。
顶棚：天花扣板吊顶，配备欧普或同等档次品牌暖风机。
墙面：萨米特或同等档次品牌墙砖。
浴柜：惠达定制成品或同等档次品牌浴柜。
龙头：美标或同等档次品牌龙头。
马桶：美标或同等档次品牌马桶。
淋浴花洒：美标或同等档次品牌淋浴花洒。
地漏：美标或同等档次品牌地漏。
其他：美标或同等档次品牌浴巾架、厕纸架、置物架。

次卧
地面：萨米特或同等档次品牌地砖。
顶棚：立邦或同等档次品牌涂料。
墙面：爱舍或同等档次品牌壁纸。
灯具：欧普或同等档次品牌光源。
弱电：有线电视、网络接口。

储藏室
地面：萨米特或同等档次品牌地砖。
顶棚：立邦或同等档次品牌涂料。
墙面：萨米特或同等档次品牌墙砖。

厨房
地面：萨米特或同等档次品牌地砖。
墙面：萨米特或同等档次品牌墙砖。
顶棚：天花扣板吊顶。
灯具：欧普或同等档次品牌光源。
橱柜：志邦或同等档次品牌橱柜。
龙头及水槽：美标或同等档次品牌厨房龙头及水槽。
灶具、油烟机：老板或同等档次品牌灶具、油烟机。

图 1-11

户型 D 客厅软装搭配图

图 1-12

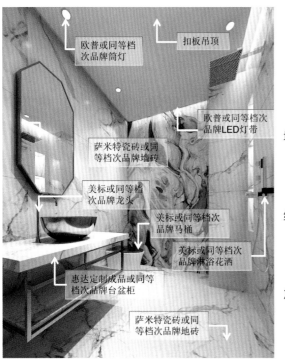

图 1-13

3.室内界面的艺术处理手法（即各界面的设计手法）

1）表现结构的界面。木结构顶面、暴露设备的顶面等。

2）表现材质的界面（见图1-14）。碎石墙面、清水混凝土、文化石电视墙等。

3）表现光影的界面（见图1-15）。灯箱饰面、透光隔断、发光地面等。

4）表现几何形体的界面（见图1-16）。几何形顶面、几何形图案壁纸等。

5）面与面的自然过渡。同一材料、色彩或形体连接两到三个面。

6）表现层次变化的界面。通过形体的穿插、并置、层叠等，体现出层次、渐变、对比等效果。

7）运用图案的界面（见图1-17）。壁画、图案地毯、墙纸等。

8）表现倾斜的界面。倾斜的隔断、成角度的顶面等。

客厅效果图 图 1-14

9）表现动态的界面（见图1-18）。曲折的隔断、顶面等。

10）趣味性的界面。体现戏剧性效果等。

11）表现开洞的界面。运用开洞的手法作装饰等。

12）仿自然生态的界面。模仿天然石材、壁面等。

13）有悬垂物或覆盖物的界面（见图1-19）。顶面悬挂织物、立面窗帘等。

14）主题性的界面。墙面壁画等。

15）导向性的界面。具有导向性图案的地面、墙面等。

16）运用虚幻手法的界面（见图1-20）。运用玻璃的面等。

17）绿化植被的界面。运用绿化等装饰的墙面等。

图 1-15

图 1-16

图 1-17

图 1-18

图 1-19

图 1-20

4.材质质感的运用

（1）粗糙和光滑

■ 粗糙：石材、原木、粗砖、磨砂玻璃、长毛织物等。

■ 光滑：玻璃、抛光金属、釉面陶瓷、丝绸、有机玻璃等。

（2）软与硬

■ 软：羊毛织物、棉麻织物、玻璃纤维织物等（舒服但不够挺拔和结实）。

■ 硬：砖石、金属、玻璃（线条挺拔但不够柔软）。

（3）冷与暖

■ 冷：金属、玻璃、大理石等。

■ 暖：木材、织物等。

（4）光泽与透明度

■ 有光泽：抛光金属、玻璃、磨光花岗岩、釉面砖等。

■ 透明度好：玻璃、有机玻璃、丝绸等。

（5）弹性

■ 弹性材料：泡沫塑料、泡沫橡胶、竹、藤、木材等（用于地面、床、座面）。

（6）肌理

■ 肌理：竹、藤、织物的纹理，大理石的纹理，清水混凝土的肌理等。

> 小贴士 Tips
> 室内设计中，空间分成几个界面设计，或者室内空间作为一个整体来做。把造型要素、空间、环境视觉联系起来，结合建筑设计、建筑装饰设计、规划创造一种内容更加丰富的环境空间。这个过程与软装要素的处理息息相关，也尤为重要。

1.1.3 七大元素调配运用

室内软装的七大元素通常是指：色彩、面饰、家具、灯具及照明、布艺、摆件、绿植。

一个优秀的软装设计师，要合理调配运用这七大元素，做到设计的完美统一。

1.色彩

色彩可通过色相、纯度、色调、对比等手段表达人们的情感和联想，从而影响人们的心理和生理反应，甚至影响人们对事物的客观理解和看法。色彩具有强烈的视觉冲击效果,良好的色彩关系，不仅能突出形态、材质、空间的形式美,而且能强化空间气氛。

不同的色彩给人们冷热、轻重、远近、软硬等不同的感受。例如,人们对太阳和炉火的直接感受是温暖,反映在色彩上即对红色、橙色会产生温暖感；对湖泊和月夜的直接感受是偏冷,反映在色彩上即对蓝绿色、紫色会产生阴冷感；咖啡与米黄等平静、朦胧的休闲色给人柔和静谧的感觉；金黄色、黄棕色、紫罗兰色、带黄光的红与金的色彩给人活泼辉煌的感受。

居室软装与硬装的色彩搭配可以表达出主人的情感及个性。在这种搭配方式中,室内软装的色彩占据主动地位，转换它的色彩能使同样硬装的室内取得不同的视觉效果，这是固定的硬装无法做到的。

软装色彩可分为背景色、主色调、支配色、点缀色四大部分。

（1）背景色　就室内软装而言，背景色（见图1-21）指的是内墙壁纸色彩、墙面粉刷色彩、顶面色彩、地面铺设材料色彩，也包括大型家具、窗帘布艺等的色彩。这些大面积的色彩奠定了室内空间整体配色的印象和基本色调。其中，墙面的面积最大，墙面色彩对室内装饰效果起到关键作用，装扮室内环境时需重点考虑。

（2）主色调　在室内软装中，主色调来自室内的大型家具，例如沙发、床、橱柜等，同时也来自装饰织物，例如窗帘布艺等。室内空间的主色调是构成室内软装的主体色，是室内空间的视觉中心，表现室内的主体风格。主色调与背景色共同影响和控制室内总体视觉与审美效果。

主色调的选取有两种方式：一是选择与背景色或其他支配色对比鲜明的色彩，形成鲜明而突出的对比视觉效果；二是选择与背景色或其他支配色色调近似的色彩，形成统一和谐的视觉效果（见图1-22和图1-23）。

（3）支配色　室内空间的支配色（见图1-24）主要来自主色调周围或相关位置的小型家具，例如椅子、凳子、茶几、灯具、摆设、饰品的色彩。支配色不仅具有陪衬和突出主色调的作用，而且与主色调形成既相互对比又相互呼应的色彩感觉，可增加室内空间的活力与生气，打造丰富的色彩空间，表现空间的特色风格与风情。

图 1-21

图 1-22

图 1-23

图 1-24

　　（4）点缀色　点缀色（见图1-25）通常指室内比较零散、变化灵活、面积较小的色块，主要用来点缀小面积的空间色彩。点缀色通常来自于小型陈设物、绿化花艺、开关罩、小型灯具等具有色彩点缀作用的小物件，用以打破单一的整体效果，在室内空间的色彩层面起到画龙点睛的作用，形成新颖独特的空间视觉焦点。点缀色的面积大小对空间色彩的搭配和表现尤为关键。色彩倾向与点缀色的面积成反比关系，点缀色的面积越小，色彩倾向越鲜明。选择与背景色相类似的色彩作为点缀色，可以打造低调柔和的整体氛围。

　　软装风格有新中式风格、日式风格、东南亚风格、新古典风格、田园风格、北欧风格、现代风格、工业风格、艺术装饰风格、混搭风格等。但无论哪种风格，其配色都必须由背景色、主色调、支配色、点缀色这4部分搭配组合而成。

　　新中式风格（见图1-26）多以深色家具为主进行场景布置，搭配白、灰白、暖灰、深咖啡等禅风色系装饰，或者多以深色木墙板搭配同色系浅色新中式家具为主要配色方式。

　　日式风格（见图1-27）主张清新自然、简洁淡雅，形成了独特的家居风格，

颜色搭配上冷静、淡雅。主色调与背景色色调一致，避免繁琐的搭配，一切从简，造型多为直线，豪华的色彩几乎不可能出现在日式主色调中。点缀色与主色调交相呼应，既可以烘托主体，又可以画龙点睛。

图 1-27

东南亚风格（见图1-28）以深浅不同的棕色、褐色、深红色和绿色为主，一般取色于自然色，且色彩饱和度高，尤其侧重于深色。东南亚风格的色彩多通过布艺软装体现，硬装还是偏向于原始且朴素的色彩。

田园风格（见图1-29）在色彩搭配上强调贴近自然，抒发一种悠闲、舒畅、自然的生活情趣。颜色上以小清新的色调为主，格子、碎花，清新脱俗。主色调怎么亮眼怎么来，但并不是大红大绿的浮夸色调，而是浅浅淡淡的色彩之间的大胆组合，清新感十足。用粉色、蓝色点缀一下，会有锦上添花的效果，在自然清新之余多了几分可爱。

图 1-28

图 1-29

图 1-30

北欧风格（见图1-30）简洁、直接、功能化，贴近自然，在色彩上活泼、明亮，给人干净明朗之感。点缀色可以用原木色或高饱和度纯色，例如以黑色、柠檬黄、薄荷绿作为室内软装的视觉中心，可起到画龙点睛的效果。

现代风格（见图1-31）由黑、白、灰和原（玄）色组合搭配，整体风格简洁、纯粹，但是让人深感冰冷，可以点缀暖色调装饰品予以调和。根据氛围选用色彩，或者用绿植衬托，可营造轻松惬意的氛围。

图 1-31

小贴士 Tips

在对室内空间进行色彩装饰时，首先需要对室内空间的硬件固有色、光照环境等特征进行分析，以此为基础，统筹室内空间主色调、背景色、支配色、点缀色等各个部分的色彩搭配。应认真分析不同色彩之间的搭配关系、色彩与人的活动关系、色彩带给人的视觉感受与心理感受、色彩构成的画面所表达的形象与风格，对色彩进行逐一分解，最终形成新颖、雅致的室内软装色彩搭配。

图 1-32

2.面饰

室内界面装饰是指围合空间的墙面、地面、顶面的装饰（见图1-32）。

（1）家具 家具作为人们生活、工作中必不可少的用具，必须满足人们的使用需要，还要满足人们一定的审美要求。在软装设计中，家具的地位至关重要，一个作品的风格基本是由家具主导的。当今软装中，家具按风格不同一般可分为巴洛克式家具（雄浑壮美）、洛可可式家具（细腻柔美）、美式家具（简明优雅）、现代欧式家具（简洁亲切）、地中海式家具（浪漫多姿）、中式家具（高贵且具有收藏价值）、现代家具（浓郁的地域自然特色）、现代意大利式家具（低调奢华）、船木式家具（质朴的艺术）。

家具的选择直接决定了人们能否生活得舒适自在,精挑细选的家具、慎重考虑过的摆放位置和方式能提高居住者的生活品质,相反,不科学的设计会在很大程度上限制人们的生活方式。

下面以家装为例，学习家具在不同空间中的应用。

1）玄关。玄关不仅是进出家门的地方,也是整个空间风格的起始点,实用性和设计感同样重要。玄关一般需要承接人们进出往来的功能，许多人还会在这里换鞋、穿外套和确认妆容。玄关柜、玄关桌或长凳是玄关的首选家具,再配合鲜花、简洁实用的桌摆和可调节亮度的灯光便能轻松打造舒心的氛围。在空间允许的情况下，除了大件家具之外，玄关处还可添置一些小家具，以配合整体风格并增加实用性，例如放一张别致的布艺沙发用来换鞋，添一个衣帽架挂一些常用的衣物，还有显眼的化妆镜和灯具,不仅方便整理妆容,也可制造极强的视觉焦点。选择大件玄关家具的时候需注意,虽然玄关桌、柜的长度可根据空间大小调节,但一般高度都要保持在70~80cm范围内,而深度则以35cm为最佳（见图1-33）。

图 1-33

2）客厅。客厅既是与亲朋好友畅谈团聚的地方，也可以是独自看电视、阅读的地方，因此给客厅选家具的时候最重要的是考虑这个空间的主要用途。如果业主喜欢安静地阅读，那么舒适的贵妃椅或者单人沙发再配一个小书架和阅读灯为最佳选择；如果业主喜欢看电视，那么客厅的主题就要围绕电视墙展开。选家具前严谨地考

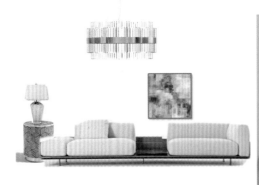

图 1-34

虑一下整体平面结构图的规划，可以为后续工作节省大量时间和精力。沙发是客厅的灵魂，不论客厅的功能是什么，主体沙发是必不可少的家具。扎实的框架、紧实有弹性的填充和完美无瑕的压线，是保证沙发持久耐用的重要因素。此外，坐陷深度、靠背倾斜度、扶手高度等都会影响沙发的舒适度（见图1-34）。

客厅按类型可以划分为娱乐型客厅、家庭型温馨客厅和以电视为主的客厅。

娱乐型客厅（见图1-35）将沙发放置在面对阳台的位置，再配上一张平铺的沙发床，让窗外的景色一览无余，这种结构方便进出阳台，适合交谈闲聊，大大的沙发床也为集体聚会提供了充足的座位，非常适合热爱派对、经常举办娱乐活动的家庭。

家庭型温馨客厅（见图1-36）整体布局非常温馨舒适，适合家人团聚聊天，对称和相对封闭的结构看上去完整有序。主沙发斜视电视机的摆放方法也表明了这是一个希望增进家人之间互相了解的客厅。

图 1-35

图 1-36

以电视为主的客厅（见图1-37），沙发直接面对电视，大坐垫、靠枕随意地散落在地上，这种休闲的布局非常适合喜欢长时间看电视的家庭。

图 1-37

咖啡桌同样是客厅不可或缺的角色，既实用又有一定的装饰作用。咖啡桌高度在45cm左右，矮一点会显得更加现代，长度则根据空间大小而定，最简单的判断方法就是达到三人沙发的二分之一到三分之二的长度，这样不论坐在沙发的什么位置都能够触到咖啡桌。咖啡桌应该离沙发45cm左右，给腿留下足够的伸展空间，但又在可触范围内。从形状上来讲，方形咖啡桌为其他饰物提供了一个整洁有序的场景，而圆形咖啡桌看上去清爽、圆润，可柔化家具的硬线条。咖啡桌配合地毯、窗帘和灯光，便可以帮助划分集中区域，营造不同的氛围，使空间看上去更完整到位。

（2）灯具及照明　现代软装设计中，灯具的作用除了照明之外，还可以兼顾环境的渲染以及提升室内情调。灯具从风格上可分为：中式、欧式、现代、美式以及地中海风格。灯饰主要包括吊灯、立灯、台灯、壁灯、射灯。吊灯大气，更适合作为居室的主灯，可以带动整体的气氛；壁灯更加温馨；射灯光线明亮，更加富有情调。

图 1-38

在室内软装设计中，对灯具进行选择时需考虑以下几点。首先，要具备可观赏性，要求材质优质、造型别致、色彩丰富；其次，要与营造的风格氛围相一致；再者，布光形式要经过精心设计，注重与空间、家具、陈设等配套装饰相协调；最后，还需要突出个性，光源的色彩按用户需要营造出特定的气氛，如热烈、沉稳、舒适、宁静、祥和等。面对五彩缤纷、琳琅满目的现代灯具，我们要分清它属于什么类型的软装风格灯具，有什么实用功能，能否和主人的爱好完美结合（见图1-38）。

下面以家装为例，学习不同灯具及照明在不同空间的应用。

1）电视机。一般电视机的光线很强，在夜间长时间盯着电视屏幕不利于眼睛的健康，因此可在电视机旁边安装一个3级强度的气氛灯，例如壁灯或者台灯，用来增加灯影的过滤。

① 灯光：两种灯光，即直射光与散射光，产生定向照明与漫射光。

② 灯具

a. 功能照明灯具：灯光强度5级，例如阅读灯、工作灯、台灯、筒灯。

b. 普通照明灯具：灯光强度1级，例如吸顶灯。

c. 气氛灯：灯光强度3级，例如吊灯、画廊灯、壁灯。

2）沙发。在沙发上看电视的时候，如果需要看杂志、报纸等，需要配一个直射的定向灯（用一个落地灯或者茶几上的台灯即可，见图1-39）。

3）功能柜。有些高的柜子，例如书柜、酒柜等，因为放置的东西比较琐碎，在比较高的地方可能看不清楚，需要5级强度的照明。如果柜子是玻璃门，那么可以在柜子里的顶部加一个射灯，或者在隔板下方暗藏灯带，在晚间打开柜门是5级强度的照明，关上也可以是3级强度的气氛灯，这样即实现了多用途；如果是木质柜子，可以在柜子外部加射灯，也可以在与柜门水平距离300~400mm处的顶面加射灯或者筒灯；如果柜子很厚重，而需要悬浮在墙上，那么需要在底部加一组灯光（例如射灯或者灯带），灯光打开时，柜子就有了漂浮感，会显得轻盈许多。

图 1-39

图 1-40

4）餐桌。餐桌上加吊灯，能更好地衬托出菜品的色香，提高用餐者的食欲。安装时要高度适中，既不遮挡视线，又要保证能看清楚餐桌上的美味。灯罩下沿一般距离桌面50~60cm，具体高度依据灯光强度、造型等具体分析（见图1-40）。

图 1-41

5）书房。书房是读书学习的场所，应讲究灯光的局部照明效果，灯具的选择应充分考虑到亮度、外形的色彩和特征，选择可以调节高度和方向，带反射罩、下部开口的直射型灯具。目前普遍使用的是LED灯，因为它寿命长、环保、显色指数高、无辐射、无频闪，光线和太阳光类似而被世界各国大力推广，是真实意义上的护眼光源。灯具造型样式可按个人需要和爱好来选择。另外周围要注意有补光的气氛灯，一般工作和学习照明可采用局部照明的灯具，位置不一定在中央，可根据室内的具体情况来决定。灯具的造型、格调也不宜过于华丽，以典雅隽秀为好，创造出一个供人阅读学习所需要的环境（见图1-41）。

6）卧室。卧室常用的灯具包含床头灯和吸顶灯两种，尽量避免安装吊灯。床头灯要依据主人的生活习惯来确定。如果主人有晚上读书的爱好，可以把床头壁灯放在床中间，看书的人可以把灯扭向自己的方向，不影响枕边人休息；如果主人平时没有读书的习惯，可以在床的两边放漫射的台灯或者壁灯，在夜间起夜时用，平常还有朦胧感，能起到调节气氛的作用。如果卧室需要增加整体照明亮度，可安装主灯，但注意不要安装在床的正中心，这样会给人不安全的感觉，正确的位置应为床尾中间位置，这样即使

图 1-42

放落帐等物品也不会受影响（见图1-42）。

7）卫生间。卫生间里最重要的灯光是洗脸池的灯光，要求强度高、角度正，最好用暖光灯。如果卫生间空间足够，可在洗脸池镜子两侧都装壁灯；如果空间不够，可在镜子的顶部尽量拉长灯光长度。如果安装射灯，应装在镜子与人脸之间的顶面位置，这样的角度能把光线满打在人的脸部，照射出来的人脸气色较好（见图1-43）。

图 1-43

图 1-44

8）厨房。良好的厨房照明除了能够提高工作效率外，更能提高安全性。一盏可调节明暗的桌灯，使得看食谱或做精细的刀工更加方便。厨房一般要求光线明亮柔和，有利于厨房操作，灯具以嵌顶灯、筒灯、吸顶灯为主,在切菜、烹调部位,可在吊柜与墙面交界处设辅助照明,有利于操作。厨房照明对亮度要求很高，因为灯光对食物的外观也很重要，它可以影响人的食欲。由于人们在厨房中停留的时间较长，因此灯光应惬意而有吸引力,这样能提高制作食物的热情。一般厨房照明，在操作的上方设置嵌入式或半嵌入式散光型吸顶灯，嵌入口处罩以透明玻璃或透明塑料,这样可使顶面简洁,减少灰尘、油污带来的麻烦。灶台上方一般设置抽油烟机,机罩内有隐形小白灯,供灶台照明。若厨房兼作餐厅,可在餐桌上方设置单头、多头固定式或升降式吊灯,单层、多层长型吊灯,多个成排射灯,多头轨道射灯,增加用餐氛围。光源宜采用暖色,不宜用冷色（见图1-44）。

小贴士 Tips　灯具在不同的空间里，或偏重于照明和色彩的真实还原，或偏重于装饰效果，或二者兼备。我们在选择时，应根据用户的不同需求，空间的不同特点、不同用途及室内空间装饰要求进行综合考虑。灯光在黑夜里是"精灵"，也是温馨气氛的营造能手，透过光影层次，让空间更富生命力；白天，灯具则作为空间的装饰艺术，和家具、布艺、装饰品等一起营造空间的艺术氛围，具有举足轻重的作用。

（3）布艺　布艺主要包括窗帘、床上用品、地毯、桌布、靠垫等。布艺装饰品是在家居软装中最为常见的装饰品之一，无论是从色彩，还是材质上来说，都可以和家具完美结合起来，营造出柔和、温馨的家居氛围。好的布艺设计不仅可以提高室内的档次，还能让室内更加温暖，充满情调。

选择布艺装饰品时主要考虑色彩、材质、图案的选择。

图 1-45

进行色彩的选择时，要结合装饰的整体风格以及家具的色彩确定一个主色调，使室内整体的色彩、美感协调一致。恰到好处的布艺装饰能为室内装饰增色，胡乱堆砌则会适得其反（见图1-45）。

布艺的统一可以体现在窗帘与床上用品或沙发布艺的花型之间的统一，也可以体现在颜色上的统一，可以是类似色或临近色。除了布艺之间的统一之外，还应注意布艺与墙面或家具色彩之间的搭配。除了统一外，使用小面积的颜色对比，还可以营造空间亮点，打造视觉中心（见图1-46）。

图 1-46

图 1-47

在材质方面，尽可能选择相同或相近的，与使用功能统一的材质是非常能够提升设计感的。装饰客厅可以选择华丽厚重的面料，例如绒、粗麻、锦缎等；装饰卧室就要选择柔和细腻的面料，例如棉、麻、混纺等；装饰厨房可以选择易洗的面料，例如混纺、纱等。窗帘跟沙发选用同一种材质的面料，能够很好地营造出整体质感（见图1-47）。

在图案方面，色彩浓重、花纹繁复的布艺装饰品表现力强，但较难配对，适合具有豪华风格的空间；浅色的、具有鲜艳色彩或简洁图案的布艺装饰品，能衬托现代感强的空间（见图1-48）。在一个具有中国古典风格的室内，最好用带有中国传统图案的织物来配衬。

对于窗帘、帷幔、壁挂等悬挂的布艺装饰品，其面积的大小、纵横尺寸、色彩、图案、款式等，要与居室的空间、立面尺度

图 1-48

图 1-49

相匹配，在视觉上也要取得平衡感。例如较大的窗户，应以宽出窗洞、长度接近地面或落地的窗帘来装饰，小空间内要配以图案细小的布料，大空间才能选择大型图案的布艺装饰品，这样才会使比例平衡（见图1-49）。

（4）摆件 在陈设摆件时要注意以下几点：

首先，陈设摆件是非常私人的一个环节，它能够直接影响到居室主人的心情，引起心境的变化；其次，摆件作为可移动物件，具有轻巧灵便、可随意搭配的特点，不同摆件间的搭配能起到不同的效果；再次，优秀的工艺饰品甚至可以保值增值，例如中国古代的陶器、金属工艺品等，不仅能起到美化的效果，还具备增值能力。

图 1-50

摆件根据材质的不同可以分为陶瓷工艺品，树脂工艺品，玻璃、水晶、琉璃工艺品，金属工艺品，木质工艺品，其他类别工艺品等。如今的工艺饰品分类非常多，只要一切合乎美学的装饰品均可以作为工艺品使用。除上述几种常规分类之外，生活中还有一些常用的其他类别的工艺品摆件，例如蜡烛、香薰、烛台、古董、装饰画、手绘画等。

1）新中式风格的摆件。新中式风格选择摆件时，最大的特色就是耐看，所选择的摆件要在符合主色调的基础上，尽量将现代元素和传统元素结合在一起，以现代人的审美需求来打造富有传统韵味的"现代禅

图 1-51

味"。新中式风格摆件以艺术品、工艺品、纪念品、收藏品、观赏动物、盆景花卉等为主，如绘画、书法、雕刻、摄影、陶瓷、景泰蓝、唐三彩、漆艺或民间扎染、刺绣、剪纸等丰富的艺术形式。新中式风格首重意趣，崇尚自然，借景抒情，情景交融，选材简洁（见图1-50）。

2）新古典风格的摆件。新古典风格在选择摆件时，动物皮毛、白钢、古罗马卷草纹样的装饰品，都可以将浪漫的古典情怀与现代人的精神需求相结合。新古典风格非常注重历史感和文化纵深感，怀旧的浪漫情怀与现代人追求个性化的美学观点及文化品位相融合。白色、金色、暗红、灰色、银色是新古典风格中常见的主色调，其中白色的蝴蝶兰、百合、金丝菊等能使居室绽放无限光彩（见图1-51）。

3）现代风格的摆件。现代风格选择摆件时，要遵循"简约而不简单"的原则。这种风格配饰尤其要注重细节，因为在这种风格设计中，摆件数量不多，每件摆件都弥足珍贵。现代风格的家具多以冷色或具有个性的颜色为主，摆件通常选用金属、玻璃等材质，花艺花器尽量以单一色系或简洁线条为主。现代风格家居大多选择简约线条、装饰柔美、雅致或苍劲有节奏感的花艺。线条简单、呈几何图形的花器是花艺设计造型的首选。色彩以单一色系为主，可高明度、高彩度，但不能太夸张，银、白、灰都是较好的色彩选择（见图1-52）。

图 1-52

4）绿植。室内绿化和花艺是装点生活的艺术，是将花、草等植物经过构思、制作而创造出的艺术品，在室内装饰中，花艺设计是一门不折不扣的综合性艺术，其质感、色彩的变化对室内的整体环境起着重要的作用。室内绿化、花艺具有多种功能，包括美化功能、文化功能和社会功能。这些

图 1-53

功能的重要性日趋凸显，使它越来越受到人们的青睐。

在室内陈设中，经常采用不同形状的绿植进行陈列。针对新中式、日式、东南亚式、新古典式、田园式、北欧式、现代式、工业式等不同的软装风格，花艺装饰有着不同的色彩设计、花材选择、器皿搭配和空间陈列与之相衬（见图1-53）。

东南亚风格花艺设计充分体现人性化和个性化，以崇尚自然和休闲为主要诉求，艳丽的色彩、抽象的图案、充满强烈异域风情的绿植备受人们青睐（见图1-54）。

图 1-54

图 1-55

图 1-56

　　田园风格的色彩基调一般以自然色系为主，绿色、土褐色较为常见，其体现自然、怀旧，并散发着质朴气息。花艺和植物往往是客厅的点睛之笔，放置绿萝、散尾葵等常绿植物，能显现出自然舒适的意象，而小空间则常用野花盆栽，或小麦草、仙人掌等植物（见图1-55）。

　　北欧风格的家居非常注意绿化，藤蔓类植物是常选，小巧可爱的绿色盆栽也常使用。因此，这个风格的花艺应该多取材于大自然，并且大胆而自由地运用色彩样式。向日葵、小石子、瓷砖、贝类、玻璃珠等素材都可加入到花艺设计中，这才是表达北欧风格纯美和浪漫情怀的法宝（见图1-56）。

小贴士 Tips

在现代的软装设计执行过程中，符合设计意图的家具、灯具、布艺、画品等摆设选定后，最后一关是加入饰品摆件。在室内空间的设计中，摆件的作用举足轻重，软装设计师对这一关的把握能决定整个项目的成功与否。

1.2 设计方法

1.2.1 主题型设计

主题型设计也称视觉中心型陈设艺术，适用于大型公共空间，有主题内容，可以采用具象和抽象造型手法，也可以为园林景观的设置。主题型设计体量较大或占据较大空间，设置于共享空间、大型休息厅、建筑大堂等处，可在地面设置，也可以在空中悬挂，或在墙面上设置凸显景观（见图1-57和图1-58）。

室内空间有各种不同的风格，陈设品的合理选择与陈设，对室内空间风格的形成会产生十分重要的影响。因为陈设品的造型、色彩、质感等都具有明显的风格特征，能够突出和强调室内空间的风格。

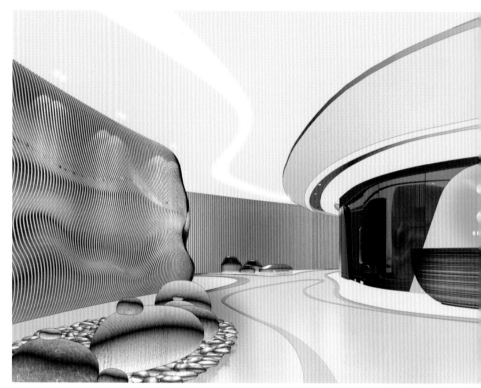

图 1-57

图 1-58

1.2.2 呼应型设计

呼应型设计也称陪衬型陈设艺术，往往与室内装修部件结合成景，与主体景观形成对景，或设置在非主要部位。可多处设置，水平呼应或垂直呼应均可。呼应型设计具有均衡的形式美，是各种艺术常用的手法（见图1-59）。

图 1-59

1.2.3 修饰型设计

修饰型设计是室内设计的补充与完善，对室内环境进行再创造，在整体设计的构思下，对艺术品、生活品、收藏品、绿化等做进一步深入细致的设计，体现文化内涵和层次，达到更好的艺术效果。

修饰型设计可用动静结合、主题统一、真实材料表达、借鉴、情趣表达、点睛之笔、若隐若现等手法进行设计（见图1-60）。

图 1-60

Chapter 2 / 第二章
设计程序

2.1.1 软装流程图（见图2-1）

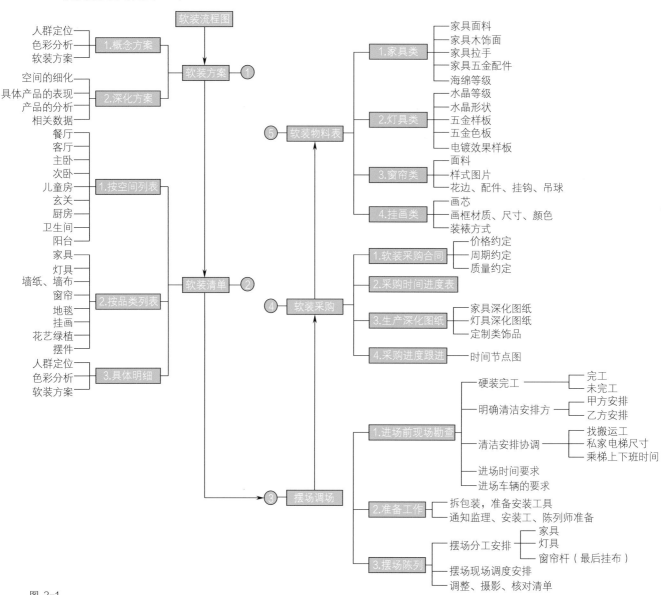

图 2-1

2.1.2　软装清单

软装元素应用如果具体到空间区域，细化到各个产品的尺寸、种类，工作量会很大。因此，需要列一个软装清单，浅显易懂、一目了然。

2.1.3　软装执行

软装清单确认好之后，接下来就要进行软装方案的执行工作了（见图2-2）。

户型A次卧软装搭配图

图 2-2

小贴士
Tips

家具的面料，五金的配件、品牌；灯具的尺寸，电镀样板，五金的色板，你想营造的光源的氛围；窗帘的面料和款式，遮光程度以及帘头、罗马杆的颜色、花样；软装中的重要装饰元素，对整体格调搭配起到画龙点睛作用的装饰画……这些元素要事先确认好。

2.2 设计方案简要表现（见图2-3~图2-13）

华凌南湖品御
样板房软装搭配汇报

Hualing Nanhu Pinyu
Sales Office and Model Room Interior Renderings Report

江苏南通三建建筑装饰有限公司上海设计院
JIANGSU NANTONG SANJIAN BUILDING DECORATION CO., LTD. SHANGHAI DESIGN INSTITUTE

图 2-3

户型 **A**   面积：111.53
House type A   Area: 111.53

图 2-4

户型A平面图

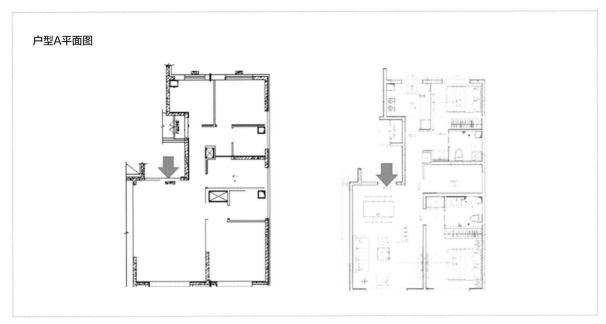

图 2-5

户型A客厅软装搭配图

图 2-6

户型A客厅软装搭配价格清单

序号	单品	名称	品牌	系列	分类	颜色	材质	尺寸	价格	数量	总价
1		造作云团沙发升级版现代简约布艺沙发组合大小户型客厅转角布沙发	造作		单人沙发	浅灰	白橡木海绵涤纶	整高：0.65m	2849	1	2849
2		ORDER凹得新中式沙发S53-三人沙发	凹得ORDER	1903 X3S53-B	三人沙发	浅灰		2300mm×900mm×800mm	8559	1	8559
3		CARBINE FURNITURE茶几	卡缤 CARBINE FURNITURE	茶几	茶几	黑色	榉木实木+大理石台面+染色沙比利木皮+对 开抽屉	1400mm×850mm×430mm	3980	1	3980
4		荷源 禅意 中式 客厅 办公室 卧室 吊灯	荷源 HEYUAN LIGHTING		吊灯	米色	国标铜+玻璃	940mm×615mm	7495	1	7495
5	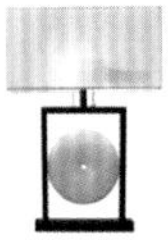	美灯荟 新中式创意台灯 8373直径 380×580	美灯荟 Mooie lamp		台灯	米色			2025	1	2025
6		日式粗陶茶具套装 家用办公整套功夫茶具 陶瓷提梁壶茶壶茶杯茶盘	竹茗堂		茶具	黑色	陶瓷	茶壶直径9cm,高13cm 茶杯直径5.5cm,高 4.2cm 茶叶罐直径6cm，高11cm	168	1	168
7		喻小姐 巴赫系列美式窗帘定做	Ms.yu	巴赫系列	窗帘	浅灰	涤纶		89	1	89
8		纳茉/新中式创意蓝色玻璃手工花瓶花器室内装饰摆件餐桌样板间	纳茉 LAMOME		摆放花艺	深蓝	玻璃	花器：12cm×12cm×20cm×6cm	210	1	210
9	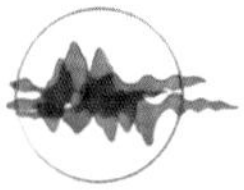	墙饰铁艺挂件客厅	梦幻满屋	金属系列	壁饰	黄色	金属	80cmx61cm	510	1	510
10		中式茶几				黑色			300	2	600
总价											2648

图 2-

户型A餐厅软装搭配图

图 2-8

户型A餐厅软装搭配价格清单

序号	单品	名称	品牌	系列	分类	风格	颜色	材质	尺寸	价格	数量	总价
1		稀奇艺术罗马之心方形威士忌酒杯古典复古酒杯子水晶玻璃杯	稀奇艺术 XQ		生活用品	简欧	浅灰	玻璃	7.7cm × 7.7cm × 8.9cm	178	1	178
2		菲尼其美式餐椅 TT-CY02餐椅	FENICHI 菲尼其		餐椅	美式	浅灰			1280	1	1280
3		后现代简约客厅餐厅全铜吊灯北欧创意个性卧室吊灯	慕思朗 MUSSLAN		吊灯	简约	木色	全铜+玻璃	W80cm × H55cm	1899	1	1899

图 2-9

序号	单品	名称	品牌	系列	分类	风格	颜色	材质	尺寸	价格	数量	总价
4		顾家-配饰-现代卧室-摆件	顾家家居		摆件	简约	绿色	陶瓷	0.21m × 0.15m × 0.19m	260	1	260
5		Duvino纯手工无铅水晶玻璃高脚杯欧式红酒杯创意家用白葡萄酒杯子	TERRA-NOVA 诺瓦		酒具	简约	深棕	水晶玻璃	高24.9cm 直径5.6cm	86	1	86
6	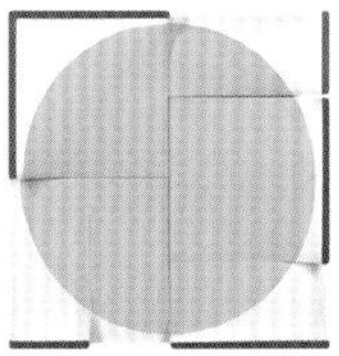	田钰艺术空间简约装饰画马卡龙系列8H0127 1000x1000	田钰艺术空间	马卡龙	装置画	简约	黄色			2856	1	2856
7		元素美居 简约现代绿植旅人蕉系列 旅人蕉 69cm 500×690	元素美居	旅人蕉	绿植	简约	绿色			160	1	160
8	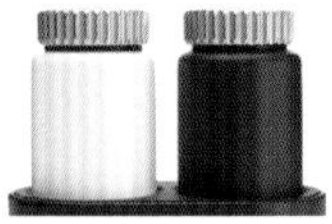	Salt&Pepper 收纳	Vipp		厨具	前卫	黑色	铝		200	1	200
9	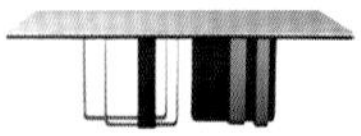	ORDER凹得					黑色			1500	1	1500
总计												8419

图 2-9（续）

户型A卧室软装搭配图

图 2-10

户型A卧室软装搭配价格清单

序号	单品	名称	品牌	系列	分类	颜色	材质	尺寸	价格	数量	总价
1		男性主张——U型衣柜	Boloni		衣柜				3051	1	3051
2		优梵艺术Vivian轻奢高款电视机柜子卧室客厅储物木质边柜北欧风格	优梵艺术UVAN-ART	Vivian薇薇安	电视柜	米色	mdf板+金属	1600×320×500	2543	1	2543
3		索菲亚 马卡布艺床	素菲亚	马卡系列	双人床	深灰	布艺+实木框架		0	1	0
4		佛洛伦克 美式陶瓷珂诺装饰罐FL-D336A 300×180×80 陶瓷	FLOLE-NCO佛洛伦克		摆件	黄色			565	1	565

图 2-11

序号	单品	名称	品牌	系列	分类	颜色	材质	尺寸	价格	数量	总价
5	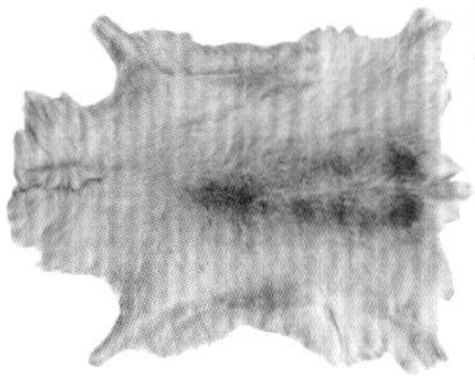	进口芬兰驯鹿毛皮真皮天然皮草家居地毯飘窗垫皮料	KokoRug		地毯	浅灰	驯鹿毛皮	1m×1.15m	2400	1	2400
6		元气森林 北欧多肉植物仙人掌仿真绿植盆栽假日雪莲	寓义家居 – Vitality forest	假日	绿植	黄绿			79	1	79
7		中式日式仿真石榴芒果装饰品禅意会所客厅餐厅玄关	繁花韵	中式花艺	摆放花艺	浅灰	陶瓷	40cmx25cmx65cm	440	1	440
8		白色窗帘							500	1	500
9						深棕			600	1	600
总计											10178

图 2-11（续）

户型A次卧软装搭配图

图 2-12

户型A次卧软装搭配价格清单

序号	单品	名称	品牌	系列	分类	风格	颜色	材质	尺寸	价格	数量	总价
1		艾斯扶手椅（灰蓝）	索菲亚	CM13303314	休闲椅	简约	花色	亲肤面料	590×610×840	2500	1	2500
2		DZZ简约喷漆磨砂铁吸 顶灯 DZZXD-353 30cm×5cm（光源可选）	DZZ		吸顶灯	简约	蓝色			118	1	118

图 2-13

序号	单品	名称	品牌	系列	分类	风格	颜色	材质	尺寸	价格	数量	总价
3	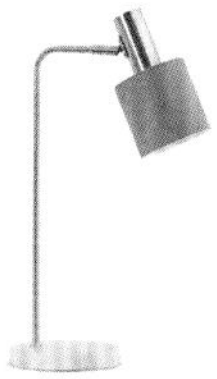	旭呈北欧台灯 XCTL5807 ET A款-克罗地亚蓝	旭呈		台灯	北欧风	绿色			368	1	368
4	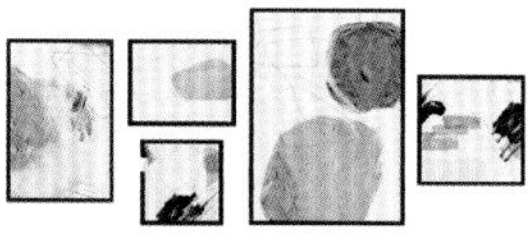	上品印画 简约平和抽象组合装饰画 SPS4640A款 2330ps细边黑色框	上品印画		装饰画	简约	米色			629.5	1	629.5
5	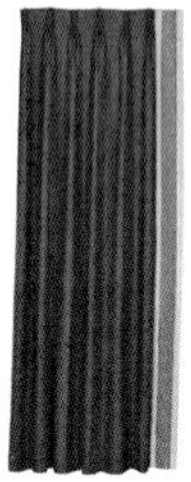	浸步生活窗帘	漫步生活	新中式	窗帘	简约	深蓝			200	1	200
6		欧式假书摆件 家居装饰品 现代书柜 创意客厅复古美式软装仿真书架子	初见		书摆	简欧	花色	卡纸	21cm × 16cm × 5cm	49	1	49
7		黑白灰 外文真书 现代家居酒店书柜摆件 英文仿真书			书摆	简约	白色	卡纸	27cm × 19cm	35	1	35
8		远梦（YOURMO-ON）纯棉渐变色水洗棉 四件套蓝色		包含床单，被套，被子，枕头×2，枕套×2		地中海	深蓝	纯棉	220cm × 240cm	800	1	800
总计												4700

图 2-13（续）

2.3　预算单及合同

2.3.1　软装预算单（见表2-1~表2-5）

表2-1　户型A项目概算

A户型样板间项目概算分析111.53m^2

序号	项目名称	工程量	单位	单价	总价	单方价格 /（元/m^2）	备注
1	仿石材砖	35	m^2	173	6055	54	
2	复合地板	26	m^2	198	5148	46	含找平层
3	成品踢脚线	60	m	47	2820	25	
4	防水	45	m^2	66	2970	27	
5	墙面墙砖	40	m^2	198	7920	71	
6	墙面涂料	90	m^2	78	7020	63	
7	纸面石膏板吊顶	93	m^2	172	15996	143	
8	防水纸面石膏板吊顶	15	m^2	198	2970	27	
9	顶棚涂料	111.53	m^2	66	7360.98	66	
10	窗台板、过门石	1	项	1796	1796	16	
11	橱柜（含油烟机灶具）、洗漱台	1	项	6588	6588	59	
12	木门	5	樘	1197	5985	54	
13	洁具	2	项	5391	10782	97	
14	灯具、开关、插座等	1	项	1796	1796	16	
15	淋浴帘、五金件等	1	项	1197	1197	11	
施工部分合计					86403.98	775	
开荒保洁费					560.00	5	
安全文明施工费（2%）					1739.28	16	
企业管理费及利润（7%）					6209.23	56	
税金（9%）					8542.12	77	
总计					103454.61	928	

表2-2 户型B项目概算

B户型样板间项目概算分析58.67m²

序号	项目名称	工程量	单位	单价	总价	单方价格/（元/m²）	备注
1	仿石材砖	20	m²	173	3460	60	
2	复合地板	8	m²	198	1584	27	含找平层
3	成品踢脚线	36	m	47	1692	29	
4	防水	44.5	m²	66	2937	51	
5	墙面墙砖	20	m²	198	3960	68	
6	墙面涂料	40	m²	78	3120	54	
7	纸面石膏板吊顶	49	m²	172	8428	145	
8	防水纸面石膏板吊顶	9	m²	198	1782	31	
9	顶棚涂料	58	m²	66	3828	66	
10	窗台板、过门石	1	项	1796	1796	31	
11	橱柜(含油烟机灶具)、洗漱台	1	项	6588	6588	114	
12	木门	3	樘	1197	3591	62	
13	洁具	1	项	5391	5391	93	
14	灯具、开关、插座等	1	项	1796	1796	31	
15	淋浴帘、五金件等	1	项	1197	1197	21	
	施工部分合计				51150	882	
	开荒保洁费				560.00	10	
	安全文明施工费（2%）				1034.20	18	
	企业管理费及利润（7%）				3692.09	64	
	税金（9%）				5079.27	88	
	总计				61515.56	1061	

表2-3 户型C项目概算

C户型样板间项目概算分析107.64m²

序号	项目名称	工程量	单位	单价	总价	单方价格/（元/m²）	备注
1	仿石材砖	36	m²	173	6228	58	
2	复合地板	21	m²	198	4158	39	含找平层
3	成品踢脚线	42	m	47	1974	18	
4	防水	44	m²	66	2904	27	
5	墙面墙砖	34	m²	198	6732	63	
6	墙面涂料	120	m²	78	9360	87	
7	纸面石膏板吊顶	100	m²	172	17200	161	
8	防水纸面石膏板吊顶	9	m²	198	1782	17	
9	顶棚涂料	107.64	m²	66	7104.24	66	
10	窗台板、过门石	1	项	1796	1796	17	
11	橱柜(含油烟机灶具)、洗漱台	1	项	6588	6588	62	
12	木门	5	樘	1197	5985	56	
13	洁具	2	项	5391	10782	101	
14	灯具、开关、插座等	1	项	1796	1796	17	
15	淋浴帘、五金件等	1	项	1197	1197	11	
施工部分合计					85586.24	800	
开荒保洁费					560.00	5	
安全文明施工费（2%）					1722.92	16	
企业管理费及利润（7%）					6150.84	57	
税金（9%）					8461.80	79	
总计					102481.81	958	

表2-4 户型D项目概算

D户型样板间项目概算分析87.67m²

序号	项目名称	工程量	单位	单价	总价	单方价格/（元/m²）	备注
1	仿石材砖	32	m²	145	4640	53	
2	复合地板	24	m²	165	3960	46	含找平层
3	成品踢脚线	40	m	40	1600	18	
4	防水	47	m²	55	2585	30	
5	墙面墙砖	34	m²	165	5610	64	
6	墙面涂料	120	m²	65	7800	90	
7	纸面石膏板吊顶	80	m²	145	11600	133	
8	防水纸面石膏板吊顶	8	m²	165	1320	15	
9	顶棚涂料	87.67	m²	55	4821.85	55	
10	窗台板、过门石	1	项	1500	1500	17	
11	橱柜(含油烟机灶具)、洗漱台	1	项	5500	5500	63	
12	木门	5	樘	1000	5000	57	
13	洁具	2	项	4500	9000	103	
14	灯具、开关、插座等	1	项	1500	1500	17	
15	淋浴帘、五金件等	1	项	1000	1000	11	
施工部分合计					67436.85	775	
开荒保洁费					560.00	6	
安全文明施工费（2%）					1359.94	16	
企业管理费及利润（7%）					4854.98	56	
税金（9%）					6679.06	77	
总计					80890.82	930	

表2-5 户型E项目概算

E户型样板间项目概算分析89m²

序号	项目名称	工程量	单位	单价	总价	单方价格/（元/m²）	备注
1	仿石材砖	37	m²	173	6401	72	
2	复合地板	21	m²	198	4158	47	含找平层
3	成品踢脚线	50	m	47	2350	26	
4	防水	46	m²	66	3036	34	
5	墙面墙砖	47	m²	198	9306	105	
6	墙面涂料	100	m²	78	7800	88	
7	纸面石膏板吊顶	42	m²	172	7224	81	
8	防水纸面石膏板吊顶	80	m²	198	15840	178	
9	顶棚涂料	80	m²	66	5280	59	
10	窗台板、过门石	1	项	1796	1796	20	
11	橱柜(含油烟机灶具)、洗漱台	1	项	6588	6588	74	
12	木门	4	樘	1197	4788	54	
13	洁具	1	项	5391	5391	61	
14	灯具、开关、插座等	1	项	1796	1796	20	
15	淋浴帘、五金件等	1	项	1197	1197	13	
施工部分合计					82951	932	
开荒保洁费					560.00	6	
安全文明施工费（2%）					1670.22	19	
企业管理费及利润（7%）					5962.69	67	
税金（9%）					9114.39	102	
总计					100258.30	1126	

2.3.2 软装合同

软装合同一般包含软装设计合同及软装采购合同

（1）软装设计合同范本

甲方：＿＿＿＿＿＿＿＿＿＿＿＿＿＿

乙方：＿＿＿＿＿＿＿＿＿＿＿＿＿＿

第一章　项目概况

1. 项目名称：＿＿＿＿＿＿＿＿＿＿＿＿＿＿＿＿＿＿

2. 项目坐落地点：＿＿＿＿＿＿＿＿＿＿＿＿＿＿＿＿

3. 配饰范围：＿＿＿＿＿＿＿＿＿＿＿＿＿＿＿＿＿

第二章　配饰内容及要求

第一条　指定配饰物品配置内容及要求

1. 配饰布置范围包括：＿＿＿＿＿＿＿＿＿＿＿＿＿＿

2. 配置的效果：以达到甲方确认的展示标准为止，以《配饰产品清单》为基础。

第二条　乙方向甲方提交的文件及资料

序号	资料及文件名称	份数	提交日期	有关事宜
1	平面布置文件	1		经甲方确认后方可进行方案设计
2	方案设计，配饰清单	1		经甲方确认后进行配饰具体工作

第三条　配饰实施内容

1.配饰合约为限额包干设计，设计方案定案后向甲方提交《配饰产品清单》，经甲方书面确认后，乙方应按照此清单进行采购并运输到甲方指定地点，进行摆放。

2.所有电器不在乙方配饰范围内。

第四条　交货、验收及保管方式

1.乙方应按甲方要求的时间进行发货，并在发货前 3 日以书面形式通知甲方准确的发货日期、到货时间以及货物保管的要求；甲方在收到乙方通知后，需在乙方发货日期前及时书面告知卸货场地及交接人员。

2.甲方应向乙方提供相对安全的存放货品的库房，库房面积大小应尽可能满足乙方要求，库房的位置应便于乙方最终进场摆放。

3.对于部分需要乙方在现场摆放工作开始前运抵现场的物品，由甲方指派人员会同乙方人员共同进行收货验收，验收后，物品归甲方保管。

4.配饰摆放完毕后，甲方会同乙方清点配饰数量及质量情况，并在配饰清单上签署意见；在配饰摆放完毕后，如有配饰与合同约定的数目、品种、质量等不相符或存在毁损的情况，由乙方在甲方指定的合理期限内负责补齐、维修或更换。

5.货物验收无误，甲乙签订交接记录后交由甲方保管。

第五条 安装条款

1.灯具、窗帘、花卉装饰品等可直接组装摆放，或根据供货方提供安装的配饰内容，由乙方负责安装摆放。验收合格后花卉等植物的养护由甲方负责。

2.灯饰、装饰画等需要现场装修单位配合的配饰内容，由甲方负责协调安装，但乙方设计师必须进行现场指导。灯饰等需配有安装说明书。

3.测试验收时，甲、乙双方及销售部门应同时到场，验收合格后分别在验收记录上签字。

第六条 本合同价款及支付方式

1.双方商定本合同包干价格为人民币_____元整（小写金额￥ _____）。

1）合同总价款包括但不限于税费、设计费、安装费、摆放费、搬运费、交通费、装修费、配饰物品费及相应税费等乙方履行合同所需全部相关费用。

2）结算价格的确定：配饰单位需提前以此限价为上限做配饰方案。

2.配饰费支付进度详见下表：

付费次序	占总设计费比例	付款额/元	付款时间
第一次付费	30%		合同生效后三日内
第二次付费	20%		清单确认三日内
第三次付费	40%		货品进场前三日内
第四次付费	10%		验收合格后三日内

3.乙方项目阶段出差次数：方案及购买产品目录汇报，次数按本合同第二章第二条乙方提交资料进度确定。若由于甲方要求额外增加现场配合次数，则每次￥1000/人；若由于乙方设计失误、不明确等不符合甲方要求，由此造成项目需要配合增加出差次数，则由乙方承担相关费用，若造成甲方损失或工期延迟，乙方承担违约责任。

4.甲方应在乙方按照合同约定的要求及时间完成各阶段工作并经甲方书面确认后，在收到乙方相应阶段正式发票等付款资料后，在合同约定时间内支付各相应阶段费用。

5.配饰到场安装、摆放完毕并经验收合格后，乙方须提供齐全的付款资料及最终的配饰清单和物品交接签收手续，甲方自收到齐全的付款资料、完成验收交接及结算后，在合同约定时间内支付乙方相应费用。

第七条 双方责任

1.甲方责任

（1）甲方收到乙方依本合同第二章第二条提交的阶段性设计文件后，应在2天内提出相应意见，并对乙方下一阶段工作做出相应指示。甲方迟延的，合同履行期相应顺延。

甲方承担由于自身原因造成的设计变更（如甲乙双方经确认的实施配饰清单再次进行变更）费用及工程延期损失。

（2）甲方应在合同约定日期内，按合同金额与乙方实际完成工作量内容，如数向乙方支付各阶段费用。

（3）甲方应为派赴现场处理有关设计问题的工作人员，提供必要的工作、生活及交通等便利条件。

（4）甲方在现场具备安装、摆放条件的5日前，书面通知乙方做好进场摆放的准备。若因甲方原因致乙方不能进场摆放，导致工期顺延，乙方不承担任何责任。甲方应于货物摆放完毕后3日内组织乙方及甲方有关部门进行验收。

（5）甲方对乙方完成效果如提出改善意见应统一汇总，并书面通知乙方。整改时间由甲乙双方协商确定。若甲方在确认设计后提出调整，或甲方确认配饰清单后提出调整，或甲方未能及时付款，则设计及实施物品交付时间顺延。

（6）甲方对已经验收交接完毕的物品负责任。

（7）甲方需提供工程入场条件：

第一，所有硬装全部到位且细部已清理干净，以确保乙方货品能够直接卸在项目处，便于保存和管理。

第二，现场摆放过程中不能与其他工作人员交叉作业，避免无关人员打扰乙方摆放工作。

第三，甲方需无偿提供仓库，面积不小于200m²，仓库为全封闭空间，需有门窗，仓库提供时间为摆场前10天到完毕后10天。

2.乙方责任

（1）乙方按照本合同第二章第二条规定的内容，在规定的时间内提交资料及文件，并对其完整性、正确性负责。

（2）乙方负责合同约定配饰的设计与实施，并负责与定制厂家所签订的合同的履行，如因与定制厂家合同发生任何争议，由乙方与定制厂家自行解决，与甲方无关。同时，乙方不得以此为由抗辩甲方，即拒绝承担本合同项下乙方义务及责任。

（3）在将配饰物品交付甲方验收交接之前，以及在现场摆放配饰物品过程中，乙方对配饰物品负有妥善保管的义务，由于乙方保管不善造成配饰物品损伤、丢失、毁坏的，乙方应承担赔偿责任，并在甲方合理要求期限内将本合同约定的物品提交完毕。

（4）在货物到场后，乙方应按合同约定进行安装摆放，并会同甲方进行验收，对现场所有物品按照完整配饰清单（包含所有配饰物品名称、图片、数量、价格）与甲方代表逐一核对、签字。

（5）乙方不负责验收后的灯泡、动植物等易损易耗品的维护。

（6）乙方保证此项目由×××先生全权负责。

（7）由于采购周期有限并且厂家产品新旧交替比较快，因此《配饰产品清单》图片仅供参考，最终采购会因货源情况等进行同品质商品调换。

3.违约责任

（1）在合同履行期间，甲方要求解除合同，应支付乙方已完成实施部分的配饰价款及相应设计、实施劳务费，已到场物品由甲方根据《配饰产品清单》进行验收，验收合格后物品由甲方自行负责。

（2）甲方应按本合同第二章第六条规定的金额和期限向乙方支付设计费，每逾期支付一天，须支付应付金额的万分之三的逾期违约金。逾期超过10天以上时，乙方有权暂停履行下阶段工作，并书面通知甲方，等甲方支付相应费用后，双方协商乙方重新开始工作日期，乙方对此不负有违约责任。

（3）当室内工程施工结束后，甲方应在确保现场符合摆放条件后将现场交付乙方进行摆放。乙方在接收现场后五日内完成现场摆放，供甲方验收。若乙方逾期完成设计或逾期提供配饰物品，每逾期一天，乙方按照本合同总价款的万分之三承担违约金。

（4）若乙方未按照本合同约定的时间及甲方要求履行物品采购、保管、摆放等义务，乙方应在甲方要求的时间内完成补救措施，包括但不限于维修、更换、退还已收费用。若乙方未采取补救措施，应承担本合同总价款10%的违约金。

（5）甲方有权在应付未付款中扣除乙方需支付的违约金，不足部分，甲方有权继续向乙方追偿。

第三章 争议的解决

（1）协商：在执行双方签订的合同中发生争议时，应通过友好协商的办法解决。

（2）若上述协商办法不能解决争议，应将争议提交甲方所在地人民法院解决。

第四章 合同文件及说明

（1）本合同自双方法定代表人或授权代表签字并盖章之日起生效。

（2）本合同的一切补充协议及附件均为本合同的有效组成部分，副本和正本具有同等效力，若本合同与补充协议或附件出现矛盾时，则以补充协议或附件为准。双方正式意见往来均采取书面形式，并以书面意见为最终确认文件，明确双方责任。

（3）本合同执行时，如因战争、洪水、台风、地震等不可抗力的原因影响而无法履行时，可由双方协商做出决定，将本合同顺延或解除。

（4）有以下情况的，可解除本合同：

1）甲乙双方协商同意。

2）由于不可抗力致使本合同全部义务不能履行（必须由当地公证处出示公证文件）。

3）如一方严重违约，导致合同目的无法实现的，另一方有权书面通知对方解除合同，违约方承担由此给对方造成的全部损失，同时应向守约方支付本合同总价的20%作为额外赔偿金。

（5）本合同在天津市签订，一式六份，甲方三份，乙方三份，自双方加盖公章或合同专用章时生效。

（以下为甲乙方签章，无合同正文）

甲方名称（盖章）：　　　　　　　　乙方名称（盖章）：

住　　所：　　　　　　　　　　　　住　　所：

邮政编码：　　　　　　　　　　　　邮政编码：

电　　话：　　　　　　　　　　　　电　　话：

传　　真：　　　　　　　　　　　　传　　真：

开户银行：　　　　　　　　　　　　开户银行：

银行账号：　　　　　　　　　　　　银行账号：

签订日期：　年　月　日　　　　　　签订日期：　年　月　日

（2）软装采购合同范本

甲方：＿＿＿＿＿＿＿＿＿＿＿＿

乙方：＿＿＿＿＿＿＿＿＿＿＿＿

甲乙双方在平等自愿的基础上，根据《中华人民共和国合同法》的有关规定，就软装物品采购、安装、摆放事宜，经双方协商一致，达成如下合同条款。

1.工作内容

1.1物品采购（详见附件清单）

1.1.1家具

1.1.2饰品（地毯、挂画、摆件饰品、花艺等）

1.1.3灯具

1.1.4窗帘

1.2物品运输

1.2.1乙方应在双方约定的时间内，将所有物品交付到甲方指定的地点，并提供详细的物品清单。

1.2.2包装及运输方式：本合同产品的包装必须适合汽车长途运输和产品多次搬运；采用汽车运输并搬运到甲方指定地点（运费含在总价内）。

1.2.3因发生自然灾害等不可抗力时，交货日期顺延。

1.3物品摆放

1.3.1乙方应在收到首付款项后当日下单，从下单之日起，60天内对上述物品摆放完成（若遇到甲方硬装工程进度延期，完成时间顺延）。

1.3.2物品摆放必须在设计师本人的监督下进行，设计师到现场进行安装工作，甲方协调当地搬运工人以及物业管理人员（所产生的费用及责任由乙方负责）。

1.3.3乙方进场时间以甲方告知为准，乙方的摆放工作应在7天内完成。

2.货款结算方式

2.1本合同的总金额为人民币＿＿＿＿＿＿＿元整（小写金额￥＿＿＿＿＿＿）。

2.1.1乙方原则上按之前提供给甲方的报价明细来核算，需要调整的地方应与甲方进行充分沟通，在合同总金额的范围内采购家具饰品，同时保证效果。

2.1.2本合同范围内的所有单价均为"固定价格"，无论市场价格涨跌与否，均不再进行增、减调整。

2.2支付方式为：＿＿＿＿＿＿＿＿＿＿＿＿＿＿＿＿＿。

2.2.1本合同签订后3天内,甲方以转账的方式支付乙方本合同首期货款,即人民币_____元整(小写金额¥_____)。

2.2.2货品到达现场摆放完成,甲方验收合格后,甲方以转账的方式支付乙方本合同货款尾款,即人民币_____元整(小写金额¥_____)。

3. 交货时间:本合同签订之日后60天内(如个别物品不能按期到达,经与甲方沟通并得到认可后方可调整时间)。

4.双方责任

4.1甲方责任

4.1.1甲方在本合同签订后,须在本合同约定时间内按时付款。若由于甲方原因延期付款,乙方交货时间可顺延。

4.1.2如因甲方原因推迟安装时间,甲方应提前通知乙方;乙方交货时间顺延。

4.1.3甲方应在乙方安装前提供以下条件:室内已经初步完成清洁;夜间有保安;安全系统已经安装并运行。

4.1.4甲方应认真审核乙方提供的清单,明确最后摆放的效果,并予以确认。

4.2乙方责任

4.2.1乙方须将货物送至合同约定的交货地点;若乙方未能按时送货,则乙方每延期交货一天,应按逾期部分货款总额每日千分之一支付甲方违约金。

4.2.2乙方采购的货品及安装效果应该达到室内设计的要求。配饰附件清单中没有包括,按甲方要求增加的,费用另付。

4.2.3乙方应该保护甲方的私密资料,不得向第三人泄露或转让本设计合同及相关附件等技术资料。如发生以上情况,甲方有权向乙方索赔。

4.2.4乙方在安装及摆放过程中不得损坏已完成的精装饰及土建结构成品及半成品,否则照价赔偿。

4.2.5乙方应按本合同约定时间完成合同内容。

5.售后服务

本合同所有家具家私严格按照国家三包法执行,所有家具家私保修期1年,自确认验收1年之后截止。保修期内,如出现确属质量问题,应由乙方提供的厂家免费维修;确实不能修复的,厂家予以更换。若因甲方原因造成家具损坏或超出保修期限的,厂家可提供维修服务,但需收取相应的工本费及运费。

6.争议的解决及违约责任

6.1本合同一经签订，甲乙双方均应履行各自的义务。除因不可抗力原因造成本合同无法正常履行时，甲乙双方互不承担责任外，甲乙任何一方单方面违约而造成对方损失的，均应承担相应的经济赔偿责任。赔偿额不超过本合同规定的合同总金额。

6.2甲方应按本合同规定的金额和时间向乙方支付费用，每逾期一天，应按该阶段应付款的千分之一/天的标准支付逾期违约金；逾期超过10天以上时，乙方有权暂停履行下阶段工作，并书面通知甲方。

6.3甲乙双方在执行此合同过程中发生争议，且不能通过友好协商方式解决时，甲乙任何一方均有权向合同签约地人民法院提请诉讼。

7.其他

7.1本合同未尽事宜，甲乙双方协商解决并签订补充条款或相应附件。补充条款或附件作为本合同内容的延续和补充，具有同等法律效力。

7.2合同有效附件：

7.2.1软装清单。

7.2.2软装家具清单。

7.2.3软装饰品清单。

7.2.4软装灯具清单。

7.2.5软装窗帘清单。

7.3本合同经甲乙双方签字（盖章）后即生效。合同正本一式两份，甲方、乙方各持一份；合同与附件具有同等法律效力。

甲　　方：　　　　　　　　　　　　乙　　方：

电　　话：　　　　　　　　　　　　电　　话：

　　　　　　　　　　　　　　　　　银行账号：

时　　间：　年　月　日　　　　　　时　　间：　年　月　日

Section 2

第二篇

七大元素

Chapter 3 / 第三章

色彩搭配

3.1 色相要素

色相，简单来说就是自然界中存在的千变万化的颜色。研究发现，人眼可以识别1000多万种色彩，在这么多微妙的色感辨别中，红、黄、蓝、绿、黑、白六色为最基本的颜色。

3.1.1 单色

单色是指颜色中任一种色相的独立存在。单色的运用，可以构成一个无色相差异却有明度变化的色彩关系，它在室内装饰设计中，经常作为一种创建和谐氛围的设计手法，创造出一个单纯的环境空间，能够给人的情绪带来稳定感（见图3-1~图3-3）。

小贴士 Tips 使用明快的单色烘托室内空间氛围，可营造出较浓厚的现代气息。

图 3-2

图 3-1

图 3-3

3.1.2 近似色

色环中，呈45°左右的颜色，色相的相似性关系明朗，这样的颜色搭配就叫近似色（或称邻近色）关系（图3-4），其长处在于彼此间的色彩关系于调和中又不失若干变化；在室内装饰设计中，近似色搭配可以构成既统一又不单调的色构空间环境，给人们的知觉带来调和感（见图3-5和图3-6）。

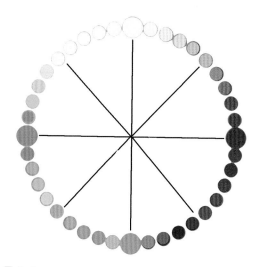

图 3-4

图 3-5

图 3-6

小贴士 Tips | 近似色既可以用在顶、墙、地之间的搭配上，也可用在家具或配件间形成色彩的搭配关系。

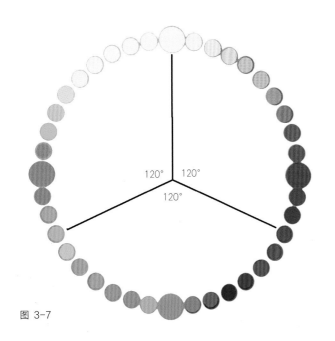

图 3-7

3.1.3 对比色

色环中，呈120°左右的颜色，色相的相似性关系疏离，对比性关系明显，这样的颜色搭配就叫对比色关系（图3-7），其特点在于彼此间的色彩关系对比性十分醒目、强烈；在室内装饰设计中，常构成浓烈而活泼的色构空间关系，给人的情绪带来颇为跳动的视觉冲击力（见图3-8和图3-9）。

图 3-8

图 3-9

3.1.4　互补色

当两个颜色在色轮中呈180°的对顶角关系时，就形成了视觉的互补色（图3-10），这种色彩对比关系理论上是最为强烈的；在室内装饰设计运用中，常构成十分浓烈而活泼的色构空间关系，能够给人们带来色感对比极为突出的视觉冲击力（见图3-11和图3-12）。

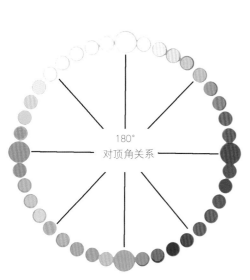

图 3-10

图 3-11

小贴士 Tips　　人们对互补色的感知范围会略有偏差，在实际情形中，两色呈135°状态时，色彩的对比度就已经十分强烈了。

图 3-12

3.1.5 五行色的运用

在我国，阴阳五行的色彩寓意对注重传统格调的室内装饰影响十分明显，由于这些色彩指向受到特殊的文化内涵定义，色彩的装饰意图显然与众不同。按阴阳五行学说，五行中的色彩指向涵义独特，它集中体现了中国古代朴素的唯物观和方法论，认为"金、木、水、火、土"五种最基本的物质是构成世界不可缺少的元素，生成五数和五色，其对应的色彩是：金为白、木为青、水为黑、火为赤、土为黄，这便是五行的特殊色系（见图3-13~图3-15）。

属火的颜色：红色、紫色系列。

属土的颜色：黄色、咖啡色、茶色、褐色系列。

属金的颜色：白色、金色、银色系列。

属水的颜色：黑色、蓝色、灰色系列。

属木的颜色：绿色、青色、翠色系列。

相生：木生火，火生土，土生金，金生水，水生木。

相克：木克土，土克水，水克火，火克金，金克木。

另外，还有"五行反侮"的现象，例如五行中水克火，但火比水旺则不受其克，反成"火旺水干"的形势，即大面积的红反而能克小面积的黑，可见五行贵在均衡。

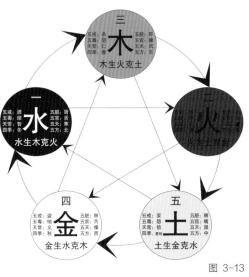

图 3-13

图 3-14

图 3-15

3.2　明度要素

　　明度对比是色彩明暗程度的对比，也称色彩的黑白度对比。在室内设计中，明度对比决定了空间的层次感，色彩的层次与空间关系主要依靠色彩的明度对比来表现。明度对比按照对比度，大致可分为：强对比、中对比、弱对比。明度对比的力量要比纯度和色相对比的力量显著许多。根据明度色标，凡明度在零度至三度的色彩均称为低调色，四度至七度的色彩均称为中调色，八度至十度的色彩均称为高调色。

3.2.1　高长调

　　根据明度色标，高长调的色彩搭配关系，即强对比关系，常见的有10：8：1等。其中10为浅基调色，面积应大；8为浅配合色，面积也较大；1为深对比色，面积应小。这种明度对比明暗的反差大，视觉效果明亮、活泼、强烈（见图3-16和图3-17）。

小贴士 Tips｜想要打造现代感强烈的空间，明度对比强烈的色彩组合，是较为常见的选择。

图 3-16

图 3-17

3.2.2　高短调

　　高短调的色彩搭配关系，即弱对比关系，常见的有10：9：8等。其中10为浅基调色，面积应大；9为浅配合色，面积也较大；8为浅对比色，面积较小。这种明度对比明暗的反差很弱，视觉效果明快、轻松、柔和（见图3-18和图3-19）。

想要打造偏女性化、抒情的空间，选择明度的弱对比、浅色的色彩组合，更能设计出柔和感十足的空间。

图 3-18

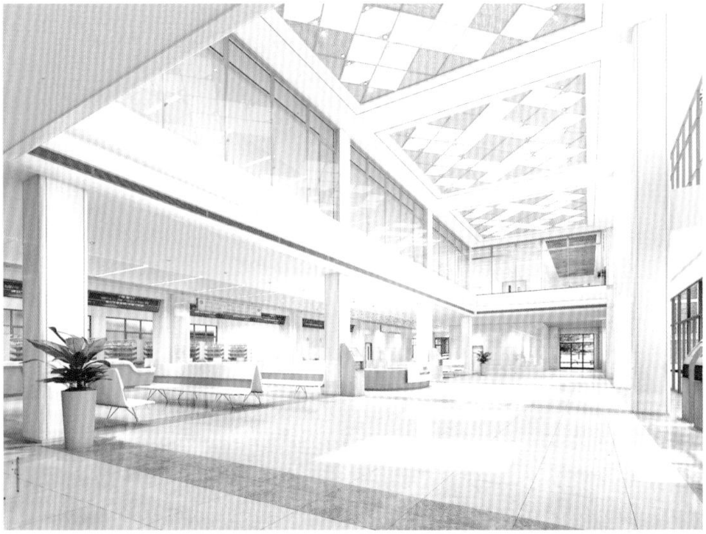

图 3-19

3.2.3　中中调

中中调的色彩搭配关系，即中对比关系，常见的有4：6：8或7：6：3等，对比级差通常不超过四级。其中不管哪一级色度做基色，所占面积均要大，其余的则要相应小一些。这种中对比关系，给人的视觉感受是层次感较为丰富，张力适中（见图3-20和图3-21）。

中中调最适合中年人的审美取向，空间调性于稳重中获得一定的色彩变化的张力，给人带来一种不失激情的安定感。

图 3-20

图 3-21

3.2.4　低长调

低长调的色彩搭配关系，有些近似高长调的对比关系，只不过它的基调色是大面积的深色，关系相反，常见的有1：3：10等。这种调子深暗而对比强烈，视觉效果深沉、敏锐、爆发力强（见图3-22和图3-23）。

小贴士 Tips　亮色与暗色相邻，亮者更亮，暗者更暗，不妨采用一些补色的关系，这样更能够体现深沉基调下某一色块的爆发力，给空间增添几分活力和情调。

图 3-22

图 3-23

3.2.5　低短调

低短调的色彩搭配关系，相对于高短调，关系相似，基调相反，常见的有1：3：4等。这种调子深暗而对比微弱，给人的视觉感受是沉闷、抑郁、神秘，甚至有些恐怖（见图3-24和图3-25）。

小贴士 Tips　沉闷、抑郁和略带神秘感是这一调性的特征，不妨通过一些低纯度的补色作为空间色的搭配，提高色彩的装饰作用，同时在空间内多设置一些灯光照明，这样就可避免恐怖感的产生。

图 3-24

图 3-25

3.3　纯度要素

如果想要突出空间中的某一元素，体现空间中各个元素间的主次关系，采取纯度对比是较为有效的手法。一般来说，色彩间纯度差的大小，决定了彩度对比的强弱，如果色彩纯度相似，在加入黑色或白色后，其纯度将变低，彩度将变得温。在空间设计中，往往以低纯度颜色做主色，以中纯度颜色做辅助色，以高纯度颜色做点缀色和强调色。高纯度的搭配效果活泼明朗，低纯度的搭配效果沉稳含蓄，中纯度的搭配效果文雅亲和。

3.3.1　高彩对比

高彩对比也叫高纯度对比。色彩鲜活有力，对比明朗，色彩认知度比较高，有强烈、活泼、开放的性格特色；通常高纯度主色块占空间面积的70%左右，其他小色块也是高纯度色，形成饱和、鲜艳的视觉效果（见图3-26和图3-27）。

小贴士 Tips　高彩对比若运用不当，会产生杂乱、低俗、狂暴的不良效果，其原因多半是面积对比设计不合理。

图 3-26

图 3-27

3.3.2　中彩对比

中彩对比也叫中纯度对比。色彩效果含蓄、朦胧，具有文雅、稳定、调和的性格特色。通常中纯度主色块占空间面积的70%左右，其他小色块也是中纯度色，形成温和、典雅的视觉效果（见图3-28和图3-29）。

虽然中彩度设计最为稳妥可靠，但依然要注意安排好色块面积与明度差之间的变化关系，不然很可能会导致空间的彩度对比缺少生机。

图 3-28

图 3-29

3.3.3　低彩对比

低彩对比也叫低纯度对比。色彩效果淡雅、朦胧，具有雅致、内敛的性格特色。通常低纯度主色块占空间面积的70%左右，其他小色块也是低纯度色，形成安静、简朴的视觉效果（见图3-30和图3-31）。

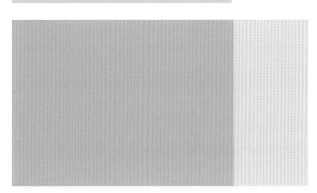

低彩对比若设计不当，会产生浑浊、淤堵、死寂的不良感觉，其原因多半是色块间的明度对比选择不当。

图 3-30

图 3-31

3.3.4 艳灰对比

用最高纯度色做底色,所占空间面积70%左右,其他小色块则由接近无彩色的低纯度色做组合,构成活泼、生动的视觉效果,具有强烈的异域风情特征(见图3-32和图3-33)。

小贴士 Tips

灰色与艳色并置,艳者更艳,灰者更灰,这种色彩关系多用在商业、餐饮、酒吧等空间设计中,家装空间较少采用。

图 3-32

图 3-33

3.4 心理知觉与氛围设计

色彩心理是指颜色能影响人的脑电波,例如脑电波对红色的反应是警觉,对蓝色的反应是放松。在室内装饰设计中,要充分利用好这些色彩对人的视觉感知的影响,这是做好设计的有力保证。

3.4.1 冷暖感

根据人的视知觉反应,色彩有冷与暖的区别。红、黄似火,属暖色调;湖蓝、蓝绿看起来像海水,属冷色调。在室内装饰设计中,冷色调的平静感适合性格稳健的业主(见图3-34),暖色调的活跃感适合性格奔放的业主(见图3-35)。一般冷色调与暖色调各有取向,不做同一空间并置,要是冷色调与暖色调并置,冷者更冷、暖者更暖,很难形成统一的色调,设计时对此需要特别谨慎。

3.4.2 进退感

色彩会给人一种进退感,暖色调有向前靠近的视觉冲击力,冷色调有向后退远的感觉(见图3-36和图3-37)。在室内装饰设计中,有时遇到狭窄的空间,若想使空间变得宽敞些,可使用明亮的冷色调做调节,近处的两壁用冷色调,远端用暖色调,空间就会从心理上觉得更大且方正些。

图 3-34

图 3-35

图 3-36

图 3-37

3.4.3 伸缩感

色彩也会给人一种伸缩感，暖色调有向外扩张的感觉，冷色调则有一定的收缩感（见图3-38和图3-39）。等面积的色块，暖色调比冷色调似乎要大些。在室内装饰设计中，有时要想获得视觉上冷暖色的等面积或平衡感，适当放大些冷色面积以弥补视觉差不失为一种可行的设计技巧。

图 3-38

图 3-39

3.4.4 轻重感

色彩的轻重感来自色彩明度和纯度的变化。一般来说，高明度的颜色给人较轻的质量感，低明度和低纯度的颜色则给人较重的质量感。此外，淡的亮色使人觉得柔软轻快，暗的纯色则有强硬的感觉。根据这种视知觉现象，在室内装饰设计中，通常顶面的颜色要浅于地面或墙面，以避免产生空间的压抑感（见图3-40）。

图 3-40

室内面饰设计，实际上是一种把硬装和软装相结合的设计方式，二者关系密切，无论顶面、墙面，还是地面、柱饰，在其通过坚固的装饰材料与建筑物做结构上的黏合之时，往往还需要做一些造型、着色、功能上的优化，使其看起来更美观，更具有文化品味。

4.1 顶面

顶面装饰除了在硬装上有平面式、悬吊式、凹凸式、井格式等多种造型层次的美化外，在软装上，有的还通过装饰彩绘、顶面壁画、顶面浮雕三种表现形式来进一步美化，以达到更赏心悦目的装饰效果。

4.1.1 装饰彩绘（见表4-1）

表4-1 装饰彩绘常见式样及特点速查表

名称	特点与适配	外观
几何纹样	在顶面上描绘图案，这是室内装饰由来已久的装饰形式。几何纹样是指由几何图案组成有规律的纹饰，欧式的有方、圆、三角、菱形等抽象的纹样，中式的有龟甲、双距、方棋、如意等纹样。这种彩绘形式能够给室内空间的顶面带来多种营造氛围的美感，比较适合设计在有较高空间的厅堂内	
植物纹样	植物纹样的彩绘，在东方以及阿拉伯世界备受青睐，植物纹样既代表某种吉祥或神力的隐喻，其形态也呈现出极富变化的装饰美感。这些纹样往往与几何纹样相互穿插构成完整的顶面图样，充满活力	
人物纹样	人物纹样的彩绘，在西方或宗教顶面壁画上较为常见，而在阿拉伯世界则难觅其存在，这是遵循《古兰经》教义生活的阿拉伯人延续一千多年的文化传承。人物纹样包含比较浓厚的民俗意味，是主题性彩绘的主要形式，多见于公共空间内	
天然纹样	天然纹样是20世纪逐渐兴起的彩绘纹样表现形式，尤其在计算机喷绘技术得到不断进步的当下，这种带有抽象意味的天然物体肌理纹样正越来越受到酒店、商场、剧场、餐厅、展厅等公共艺术设计师的青睐	

4.1.2 顶面壁画（见表4-2）

表4-2 顶面壁画常见式样及特点速查表

名称	特点与适配	外观
宗教题材	宗教题材的顶面壁画多出现在教堂、寺庙、洞窟等空间内，常以教义图解的方式来营造庄重的气氛，用色沉稳，画面装饰感强，是传达严肃主题思想很好的一种表现形式，这种题材很少出现在家居环境中	
神话题材	神话题材的顶面壁画多出现在宫廷、城堡、纪念堂、公共建筑大厅等空间内，画面构成较宗教题材活泼、自由，画面的空间表现通透，色彩也较为明快。装饰这类顶面壁画，需要有较高的室内空间与之匹配	
民俗题材	民俗题材的顶面壁画多出现在纪念馆、博物馆、公共建筑大厅等空间内，其表现形式多半借鉴神话题材的绘画形式，既有写实性的，也有写意性的，与周围环境的装饰风格融为一体，以传达一种文化精神	
梦幻题材	梦幻题材的顶面壁画多出现在科技馆、游乐场、幼儿园等空间内，其表现形式大多采用创意手法，有强烈的时空变异错觉感，充满了奇幻，也适合设计在家居空间的儿童房内	
景观题材	景观题材的顶面壁画是近年来随着写真喷绘技术的普及而兴起的室内绘画装饰形式，可将大自然的景观"移植"入室内，营造出特别的氛围，给人产生置身室外的错觉。这种顶面壁画常与墙体设计形成局部景观上的延伸或呼应关系，以形成更为逼真的场景效果	

4.1.3　顶面浮雕（见表4-3）

表4-3　顶面浮雕常见式样及特点速查表

名称	特点与适配	外观
几何浮雕	几何浮雕虽然没有具体的形象，但几乎能够与所有风格的装饰空间形成协调关系，是一种最为常见的顶面装饰形式，浮雕多以石膏为材质	
植物浮雕	植物浮雕也是常见的装饰图案，形态多以意象形式呈现，富有变化，浮雕材质主要由白色石膏板或浅色纤维石膏板构成，可提升室内空间顶面装饰的层次感，与古典、新古典、复古风格的室内空间适配	
动物浮雕	动物浮雕较植物浮雕少见，主要出现在西式古典风格和部分中式传统风格的悬空木件雕刻上，动物形象一般夸张而富有趣味，装饰感强；而阿拉伯风格比较避讳雕饰动物造型，以动物雕饰顶面极为罕见	
人物浮雕	人物浮雕主要出现在西式古典风格和部分中式传统风格的悬空木件雕刻上，西式的以写实为表现手法，中式的则偏向于写意手法，人物造型夸张而概括。二者虽有区别，但都是以装饰性图形为设计取向	

　　装饰特点：在顶面上用几何形、动植物，或人物来做平面彩绘、立体浮雕的软装图案，这种装饰形式可极大丰富室内空间的装饰层次，并以此来烘托室内环境的装饰氛围。人们在数千年前就已经懂得利用这一美化形式，且经久不衰。对顶面的美化，其图像无论是素色雅致的，还是浓彩艳色的，都会给室内空间带来许多审美上的遐思。

　　设计经验：在层高普遍比公共建筑室内空间低的家庭居所，顶面设计要慎用彩绘或浮雕的装饰形式，因为它们可能会给人造成压迫感，令人不适。顶面壁画或顶面浮雕一般适合设计在有较大层高的空间内。彩绘对比越是强烈或浮雕图案越是复杂的顶面装饰，越需要畅达的层高予以融合，这样才能充分展现出顶面装饰的美感。

4.2 墙面

墙面装饰除了在硬装上有平面式、凹凸式、镶嵌式等若干造型样式的美化外，还可在软装上，通过墙体壁画、墙体浮雕、墙体壁龛、墙体窗花这几种装饰形式做美化，以达到更美观的装饰效果。

4.2.1 墙体壁画（见表4-4）

表4-4 墙体壁画常见式样及特点速查表

名称	特点与适配	外观
手工绘画	手工绘画是指将图案直接画在某种材料上，然后将其粘贴在墙上。手工绘画所用的材料有丝绸、金箔、宣纸等，然后覆帖到墙壁上作为长久陈列品。这种类型的绘画多设计在注重艺术氛围营造的公共空间或较大的家居空间环境中	
手绘壁画	手绘壁画也叫墙绘，是通过画工直接将图案或所构思的图像描绘在墙上。手绘壁画与手工绘画的区别在于，前者是直接在墙上作画，而后者是完成作品后再上墙。为避免出现墙画泛滥、图案重复的问题，手绘师要根据不同的家居风格设计不同的图案，以保证每幅手绘墙画的独特性。绘画颜料常用的有丙烯颜料和油画颜料，有时也用油漆或传统的矿物颜料作画	
陶瓷壁画	陶瓷壁画是陶质壁画与瓷质壁画的总称，画面有大小之别。一般大陶瓷壁画镶嵌在大型建筑物的公共空间内，较小的陶瓷壁画一般安装在家庭居所内。陶瓷壁画有坚固、不褪色、防潮湿的优点，已受到人们欢迎	

4.2.2　墙体浮雕（见表4-5）

表4-5　墙体浮雕常见式样及特点速查表

名称	特点与适配	外观
砖石浮雕	砖雕和石雕的总称，该雕饰形式已有数千年历史，耐久坚固，是雕塑与绘画结合的产物，用压缩的办法来处理对象，靠透视等因素来表现三维空间，并只供一面或两面观看。画面有大小之别，一般大件的被镶在大型建筑物的公共空间内，较小的可安装在家庭居所内	
金属浮雕	用金属铸造浮雕壁画，以铜、钢等为多见，古来已有，近现代采用得更为普遍。这种表现形式主要不是靠实体性空间来营造空间效果，而更多地利用绘画的描绘手法或透视、错觉等处理方式来造成较具象的压缩空间。一般大件的被镶在大型建筑物的公共空间内，较小的可安装在家庭居所内	
木雕挂件	中国的木雕历史悠久，驰名中外，用浮雕的形式做墙上的装饰挂件，是脱胎于屏风雕饰和窗花雕饰的新形式，与红木家具做装饰搭配，十分协调，是中式、新中式或复古风格的室内装饰"新宠"	

4.2.3　墙体壁龛（见表4-6）

表4-6　墙体壁龛常见式样及特点速查表

名称	特点与适配	外观
小扉壁龛	该形式常用于现代家庭装饰，在墙面上开出若干小洞，形似窗扉，其内可摆放陈设物，扉内多半布设顶光，以充分烘托陈设物的形色之美。小扉壁龛除了常见的方形外，还有半圆形、三角形等形状	

（续）

名称	特点与适配	外观
中扉壁龛	在墙壁上切凿出较大尺度的壁龛，在其中再隔上几层板材供陈设物做展示，同时，也安装上内部照明，给陈设物添彩。这是现代家庭装饰设计常用的设计手法，可融合实用性功能与装饰性功能于一体	
大龛壁炉	把硬装和软装相结合的设计方式，即把墙体自上而下切凿出弧形或半圆形的凹缩空间做成大壁龛，并安装上独立的照明。当它与龛前的大摆件，例如雕塑或大花瓶等做搭配时，往往会形成空间的装饰亮点，这种大壁龛也是公共空间装饰设计的"新宠"	

4.2.4　墙体窗花（见表4-7）

表4-7　墙体窗花常见式样及特点速查表

名称	特点与适配	外观
花窗玻璃	对西方建筑的天主教堂或伊斯兰教的清真寺，花窗玻璃被普遍使用在墙面上，艺术特色鲜明，当日照玻璃时，可以反射出灿烂夺目的光彩。近代以来，花窗玻璃不仅出现在教堂中，也在许多民用建筑中获得应用。花窗，特别是大型花窗，实际上是承担了墙的功能，属于一种透光的墙	
3D玻璃彩膜	3D玻璃彩膜也叫彩色玻璃拼花窗，是一种新型的玻璃装饰材料，含金属光泽，表面上有立体图案。3D玻璃彩膜可用于窗花、玻璃移门、玻璃橱柜门、隔断等，产品花样多种，适配于现、当代风格的室内空间	
压花玻璃	压花玻璃也称花纹玻璃，主要应用于室内隔断、门窗玻璃、卫浴间玻璃隔断等，玻璃上的花纹和图案看上去像压制在玻璃表面的画，有一定的凹凸感，装饰效果良好，适配于现、当代风格的室内空间	

装饰特点： 墙面空间是与人的视平线高度最对应、能吸引视线最初注意力的区域，在墙面上适当做些装饰布置，是提升室内空间审美格调的常见手段。墙体壁画往往与顶面壁画相呼应，面积可大可小；墙体浮雕一般只做小区域装饰，起到点缀作用即可；墙体壁龛有单个与多个之分，造型有方、圆变化，可起到丰富墙面层次的作用；墙体窗花既有过滤强光的功能，又有给单调的玻璃窗做细微的造型变化和色彩变化的作用。

设计经验： 这些对墙面做二次软装的设计，务必要对其所做的装饰面积、色彩、形态、风格等与整体的室内空间装饰风格给予通盘考虑，需要做到大小适宜、色彩协调、形态一致、风格统一；否则，非但达不到锦上添花的效果，反而还可能带来令人不适的视觉感受。

> **小贴士 Tips**
>
> 面积较小的墙面，适宜配饰一些造型简约、色彩柔和的装饰图案；面积较大的则可适当搭配一些肌理对比强烈且色彩对比较强的面饰图案，以获得舒朗的装饰效果。

4.3　地面

对地面的装饰分固定式和活动式两种，固定式通常是通过预先设计或选好的装饰地砖、拼花磨石、纹木地板等作为地坪饰材，使地坪看起来流光溢彩；活动式则是以地毯、装饰脚垫等作为地坪的装饰物给地面增添几分彩度，以美化室内环境。

4.3.1　拼花地坪（见表4-8）

表4-8　拼花地坪常见式样及特点速查表

名称	特点与适配	外观
马赛克拼花	马赛克是瓷砖的一种，由数十块小块的瓷砖组成一个相对的大砖，它以小巧玲珑、色彩斑斓的特点被广泛使用于室内小面积地面做拼图，产生渐变的效果，适合设计在多种传统或现代风格的室内空间内	
拼花地砖	拼花地砖是目前最为流行的一类地砖，它既有普通地砖的防潮、耐磨特点，也有装饰彩砖的美饰效果，给家居带来增色添彩的效果,不再让地坪显得单调而沉闷	
镶木地板	把比地板块小的板嵌镶在一起。镶木地板是传统实木地板的一种替代产品，与传统实木地板不同，它是由几层木板胶合而成，接缝和裂纹都较少，可形成装饰性拼花图案，很适宜于工作室、厨房以及餐厅等地坪	

4.3.2 彩绘地坪（见表4-9）

表4-9 彩绘地坪常见式样及特点速查表

名称	特点与适配	外观
绘画地坪	绘画地坪相比其他的水磨石、大理石地坪来说，其优点是艺术创意十足，可塑性强，画师可通过绘画设计出各种图案，有很强的定制性，可根据现有的空间风格和装饰进行融入性的艺术设计	
错觉地坪	这种形式于20世纪中叶就常被荷兰错觉艺术家埃舍尔以版画的形式面世，随着现代室内装饰理念的更新，这种彩绘形式也渐流行于酒店、饭馆、体育馆，乃至前卫的家居空间内	

4.3.3 装饰地毯（见表4-10）

表4-10 装饰地毯常见式样及特点速查表

名称	特点与适配	外观
方形地毯	方形地毯比较适合与带有圆弧外形的家具搭配，可打破室内陈设形态可能出现的单调感	
圆形地毯	圆形地毯与方正的室内地坪搭配，尤其铺设在圆桌下，形成上下同形的呼应关系，可丰富室内地坪的形态与陈设层次，地毯的色、形只要选择得当，适宜与几乎所有的室内装饰风格搭配	
半圆形地毯	半圆形地毯通常铺设在门廊进口或单独设置的三人沙发前,起到给地坪增色与整合地坪形状的装饰作用，这种地毯比较适合配置在现代装饰风格的室内环境中	

（续）

名称	特点与适配	外观
不规则形地毯	不规则形地毯会让地面看起来有凹凸不平、进入到3D 世界的错觉，如果地毯图案或色彩对比强烈，这种错觉感会更明显，时下深受年轻人欢迎。不过，如果家里有行动不便的老人，则不适宜选择这种地毯	

装饰特点： 在保证地坪能够被舒适使用的前提下，以铺上各种花色地砖、拼花磨石、纹木地板或施以彩绘等作为美化地面的装饰元素，无疑是提升室内空间整体装饰设计品质的重要途径。而选择款式适宜的地毯或装饰脚垫对地面做进一步的美化，更是能够给室内空间增光添彩。

设计经验： 从视觉上，一般对地面的装饰图案设计，色彩对比不宜过于鲜艳，深浅对比不宜过于强烈，以免造成令人目眩的不适感。如果需要再铺上花色地毯，应选择地坪无装饰图案的区域作为铺盖地；要是地坪已经有装饰图形，其上地毯则要选择无图案的单色款式，以免产生地面图案过于繁琐的杂乱感。

> **小贴士 Tips**
> 对地坪装饰图案的选择，需要充分考虑整个室内空间的装饰风格以及文化因素，切不可只考虑形式美感而忽略了其他潜在的习俗避忌因素。

4.4 柱饰

立柱成为建筑结构已有数千年历史，附着在柱础、柱身、柱头上的雕刻或彩绘称为柱饰，柱饰在东西方的柱式上尽管呈现出来的形态各异，但都具有华贵的气质，深受人们喜爱。

4.4.1 中式柱饰（见表4-11）

表4-11 中式柱饰常见式样及特点速查表

名称	特点与适配	外观
柱础雕饰	柱础是中国建筑构件的一种，俗称柱础石，它是承受屋柱压力的垫基石，在装饰上常用浅浮雕、高浮雕和圆雕等雕刻手法，图案涵盖动物、植物、器物、文字、几何图形等，造型各异，图案精致，装饰美感极强，是东方雕刻艺术的代表之一。近年来，这种装饰形式被推陈出新设计在中式、新中式风格的大空间内	
柱头雕饰	柱头是柱子的重要结构。在中式建筑中，柱头雕饰主要是以木雕的形式出现，与柱础相似，有浅浮雕、高浮雕和圆雕等雕刻手法，动物、植物、人物、几何图形等雕饰图案是柱头常见饰物。这种装饰形式近年常被设计在中式纪念馆、中式酒店、中式楼阁等的空间内，家居空间则不甚适宜。	

（续）

名称	特点与适配	外观
柱头彩绘	柱头彩绘是中国古代建筑十分典型的装饰形式之一。彩绘的立体效果虽然看起来不如雕刻，但色彩艳丽、图案多样，是雕饰所不具备的观感。这种装饰形式近年来是中式纪念馆、中式酒店、中式楼阁、庙宇等室内空间的常见装饰形式	
柱体雕饰	柱体雕饰是中式传统建筑十分典型的柱饰形式之一，图案包括动物、植物、吉祥物、几何图形等，目的是进一步烘托装饰空间的华丽与尊贵，是中式纪念馆、中式酒店、中式楼阁等室内空间的常见装饰形式	
柱体彩绘	柱体彩绘也是中式传统建筑典型的柱饰形式之一，图案包括动物、植物、几何图形等，近年来人物图案也开始流行起来，目的也是进一步烘托装饰空间的华丽与尊贵，可凸显室内空间的华丽感和尊贵感	

4.4.2 西式柱饰（见表4-12）

表4-12 西式柱饰常见式样及特点速查表

名称	特点与适配	外观
陶立克式	欧洲希腊化时期的柱饰形式之一，经典而持久，影响至今。一种没有柱础的圆柱，直接置于阶座上，由一系列鼓形石料一个挨一个垒起来，粗壮宏伟，柱身表面从上到下都刻有连续的沟槽，外观简朴而大方。近年来，这种装饰形式被推陈出新设计在西式古典、新古典风格的大空间内	

（续）

名称	特点与适配	外观
爱奥尼克式	欧洲希腊化时期的柱饰形式之一，经典而持久，影响至今。这种柱饰比较纤细轻巧并有精致的雕刻，上细下粗，给人一种轻松活泼的感觉。柱身的沟槽较深，柱头由装饰带及位于其上的两个相连的大圆形涡卷所组成。近年来，这种装饰形式被推陈出新设计在西式古典、新古典风格的大空间内，尤其西式纪念馆、大酒店等常见其身影	
科林斯式	欧洲希腊化时期的柱饰形式之一，经典而持久，影响至今。这种柱饰四个侧面都有涡卷形装饰纹样，并围有两排叶饰，特别追求精细匀称，显得非常华丽纤巧，其比例比爱奥尼克式更为纤细，有阴柔之美，常被推陈出新设计在西式古典、新古典风格的大空间内	
柱体彩绘	柱体彩绘在西方的柱饰设计中十分常见，图案除了动物、植物、几何图形等千百年来被广泛运用的表现内容外，在近当代，还出现了抽象的色块、文字的解构、自然形态的描绘等形式，形象别具一格	
柱体雕饰	柱体雕饰在西方的柱饰设计中由来已久，能够进一步烘托装饰空间的华丽与尊贵。随着科技进步，新装饰材料被广泛运用，柱饰的形式也越来越丰富，结合灯光的透射照明，可更增强柱饰的层次变化，这种装饰形式，多使用在现代装饰风格的室内环境中	

装饰特点：浮雕在中式柱饰上的表现，大多集中在柱础上，而柱头的浮雕则大多出现在悬柱的下端，表现手法上以自然形态为主；浮雕在西式柱饰上的表现，主要浓缩在柱头上，装饰手法以几何形态为常见，再佐以写实的形象相伴。彩绘的柱饰主要表现在中式柱饰上，而且大多饰以浓艳的饱和色，装饰效果极强，有纳吉呈祥的明确意图。

设计经验：作为建筑外立面的荷重柱子，被设计师移置到室内做装饰物时，它的承重功能已经被弱化，而它所承载的形式美感功能则被大大提升，这就需要做些装饰形态或彩绘面貌上的调整。将柱头和柱础的雕饰空间比例相应缩小，或将柱身彩绘的色块饱和度降低，其目的是在保留柱饰的装饰个性的基础上，加强其与室内空间其他装饰体的协调感，以免由于其外观过于张扬而显得唐突。

小贴士 Tips　随着东西方审美观念的融合，有时东方的柱饰嫁接西式的局部柱饰样式，却能产生出其不意的效果。

家具是室内环境设计中的重要组成部分，功能上融实用性、审美性、社会性于一体，类型上主要有卧具、坐具、桌案、橱柜、屏风、盆架、博古架等，风格上大致有中国传统样式、西方古典样式、仿古式、现当代新型样式四大类。

5.1 卧具

室内最主要的家具类型之一，包括睡床、卧榻等。睡床是卧室最重要的家具，卧榻在古代通常是陈设在客厅里用以午休或供主人待客用，到近当代则日渐退出陈设之需而被沙发替代。

5.1.1 睡床（见表5-1）

表5-1　睡床常见式样及特点速查表

名称	特点与适配	外观
架子床	中国传统家具之一，实木，床架四周以雕刻、彩绘、漆饰、镶嵌等做装饰，显得厚实而华丽，多设计在古典中式室内环境中，实用性已较为淡化	
拔步床	拔步床，又叫八步床，是中国传统家具中体型最大的一种床。实木，类似架子床，又在外增加了一间"小木屋"，多设计在古典中式室内环境中，实用性已较为淡化	
榻榻米床	日本传统家具之一，用蔺草编织而成，一年四季都铺在地上供人坐或卧的一种家具，多设计在日式室内环境中	
欧式古典平板床	欧洲传统家具之一，实木，床的靠首多做曲线型，与皮革等软质面饰结合，外观结实华丽，多设计在欧式、法式室内环境中	

（续）

名称	特点与适配	外观
四柱床	由欧式风格改进的美式家具之一，实木，四柱可挂床幔，生成私密空间，适合设计在较大房间的欧式、美式空间内	
木板床	由四柱床改进的睡床，实木，无皮革等软质面饰，四柱被削缩，只剩露头端首，多设计在北欧、现代室内环境中	
铁艺床	现当代常用家具之一，金属床架，结构简洁，外观也可做复古式，与席梦思搭配。怕潮湿是其弱点，多设计在欧式、简约室内环境中	
板式床	现当代常用家具之一，多采用人造板材料，使用五金件装配。款式简洁美观，多设计在现代、简约室内环境中	
隐形床	又称为壁床、翻板床，装在墙上，外观如同衣柜，内藏席梦思，需要时放下可作为一张睡床，多设计在现代、简约、小空间室内环境中	
折叠床	通过折叠方式可以折叠收放的简易床，材质有竹质、木质、金属、牛津布、特斯林等，多设计在现代、简约、小空间室内环境中	
双层床	为节省空间，利用较为结实的木支架或金属架，构造出上下两层床位。简洁实用，十分适合现代城市空间内的儿童房或集体宿舍的设计布置	

5.1.2 卧榻（见表5-2）

表5-2 卧榻常见式样及特点速查表

名称	特点与适配	外观
罗汉床	中国传统家具之一，属卧具，实木，腿弯曲度大，外观结实，有的榻背饰以精美浮雕和镶大理石片，供待客小憩，多设计在中式室内环境中	
贵妃榻	起源于中国唐代，用于妇女小憩，可坐可躺，因其体型较罗汉床窄小，制作精致，有阴柔之美，故名贵妃榻。实木，多设计在中式、新中式室内环境中	
欧式贵妃榻	欧洲传统家具之一，又称美人靠，靠背和榻尾多为蜷曲形态，榻身常引入圆形，腿多以兽首做装饰，弧线多，木架、纺织纤维填充榻身，面料图案优美，多设计在欧式、美式室内环境中	
沙发床	当代常用家具之一，支架为硬木质或金属，配装软质坐垫，坐卧舒适，铺上被褥就是一张睡床，双用，多设计在现代、简约室内环境中	

陈设特点： 睡床与卧榻，在中外都是有史以来与人类生活关系最为密切的起居用具，既有其实用性、私密性的特点，也有其装饰性和审美性的要求。数千年来，它的外在式样不断在变化，但它的功能一直没有发生大的改变。在卧室，它是主角，搭配的橱柜或床头柜，装饰风格需要与其保持一致。

设计经验： 对睡床与卧榻的式样选择，需要充分考虑与居室的装饰风格相统一，中式、新中式的床具与中式风格的居室搭配，西式床具与西式古典、仿古典的居室风格搭配，铁艺床、双层床、折叠床等则与现代简约的居室空间搭配。

> **小贴士 Tips**
> 大床具在大居室内安放，小空间适宜放置小床具，睡床可通过床罩与床旗的装饰达到进一步的美化效果。

5.2 坐具

室内最主要的家具类型之一，包括座椅、凳子等。座椅是一种有靠背，有的还有扶手的坐具；凳子则是一种没有靠背的坐具。二者从古至今都是人们家居生活的重要器具。

5.2.1 座椅（见表5-3）

表5-3　座椅常见式样及特点速查表

名称	特点与适配	外观
太师椅	中国传统家具之一，实木，原为官家之椅，是权力和地位的象征。体态宽大，靠背与扶手连成一片，形成一个三扇、五扇或者是多扇的围屏，多设计在中式厅堂环境中	
灯挂椅	典型明式家具之一，实木，圆腿，搭脑向两侧挑出，或弯或直，无扶手，整体以简洁为主，多设计在中式、新中式环境中	
交椅	中国传统家具之一，实木，整个椅圈是一条流畅的曲线，可以折叠，在交叉处用金属件连接，多设计在中式、新中式环境中	
圈椅	中国传统家具之一，实木，俗称罗圈椅，后背搭脑与扶手由一条流畅的曲线组成，多设计在中式、新中式环境中	
中式扶手椅	类似官帽椅。有扶手的背靠椅，除圈椅、交椅外，其余的都叫扶手椅，其式样和装饰可简单也可复杂，常和茶几搭配成套，多设计在中式、新中式环境中	
摇椅	摇椅最早在英国出现，后传播到世界各地，是一种特殊形式的椅子，在椅腿下还连接两根弧形的椅脚，人坐上去会前后俯仰摇动，是一款深受老人、儿童喜爱的座椅，适合设置在诸多不同风格的环境中	

（续）

名称	特点与适配	外观
图坦卡蒙座椅	古埃及王座椅，实木，外镀黄金，镶象牙和宝石，前饰狮头，椅子腿雕狮子脚，外观威猛庄重，王者气息浓，多设计在古典西式环境中	
克利斯莫斯椅	希腊化时期贵族椅，欧式古典家具的典型代表之一，曲面靠背，前后腿呈"八"字形弯曲，木构架配以皮革或绒布包裹坐垫和靠背，多设计在欧式古典、简欧环境中	
西式扶手椅	秉承希腊罗马时期的装饰风貌，曲腿兽脚，弧形靠背，实木，靠背和坐垫多包裹软垫，有装饰图案，多设计在欧式、简欧环境中	
藤椅	采用竹材制成椅子架体，再用田藤皮缠扎，形态灵活多变，舒软有弹性，质轻便携，适合设计在东南亚、现代等多种装饰环境中	
转椅	现代家具之一，椅背、坐垫由皮革、纤维材料等构成，椅腿用不锈钢或其他金属材料做骨架，坐垫下设有"独梃腿"转轴，可左右转动，多设计在现代、简约式风格的环境中	
钢网椅	现代家具之一，造型极为简约，椅子用金属管做腿脚支架，椅背设计成丝网状靠背，多设计在现代、简约式风格的环境中	

（续）

名称	特点与适配	外观
躺椅	传统躺椅最早出现在清朝，具有移动便捷、椅背角度可以调节的特点；现代躺椅无论造型，还是材料都具有很强的个性，适合设计在多种装饰环境中	
升降椅	现代座椅，由座板、靠背、支架、支架摇臂、升降定位装置和椅脚构成，可升降座椅的高低，多设计在现代、简约风格环境中	
沙发	形制有单人、双人和多人区别，材质上包括皮制、布艺、金属、藤制以及实木等，适合于几乎所有类型的古典或现代环境中	

5.2.2 凳子（见表5-4）

表5-4 凳子常见式样及特点速查表

名称	特点与适配	外观
鼓凳	鼓凳，又称绣墩，中国传统家具之一，常与方形家具搭配，给居室增添变化，材质有实木、竹编、陶瓷等，多设计在中式、新中式环境中	
大方凳	中国传统家具之一，外观敦实厚重，配以雕饰，腿型富有变化，实木，多设计在中式、新中式环境中	
地夫罗斯凳	希腊化时期在贵族和平民中都广泛使用，四条腿，其矩形凳面用皮革编结而成，使用时上面再放置坐垫，四条旋木腿支撑，腿间无横档，多设计在简欧环境中	

（续）

名称	特点与适配	外观
古埃及方凳	无靠背，四条腿装饰成动物腿型，木质，用牛皮或兽皮饰面，使用轻巧轻便，多设计在古典西式环境中	
古埃及折叠凳	无靠背，四条腿木质弯曲交叉，用皮革或纤维帆布饰面，使用轻巧轻便，多设计在古典西式环境中	
实木吧台凳	美式乡村家具之一，圆座方腿，身形较一般的凳子高，造型简洁，外观粗犷，多设计在美式、复古环境中	
条凳	板凳中的一种，实木，造型简洁，外观粗犷，外观上有中、西式区分，多设计在乡村、复古环境中	
复合材料吧台凳	形状与实木吧台凳相似，制作材料多种多样，常见的有不锈钢、铝合金、塑料、玻璃钢等，多设计在现代、当代环境中	
搁脚凳	四足实木，外观多做装饰，面垫采用皮革或纤维包裹，增强柔软感，根据图案外观，适合于多类型古典或现代环境中	
蒲团	古印度传入的修行坐具，以蒲草编织而成的圆形、扁平的座垫，又称圆座，也常见用纺织花布做包裹，装饰图案美观，多设计在有异域风情的环境中	

陈设特点：座椅无论是在传统式还是现代式的家居中，都可与茶几、咖啡桌搭配，以构成饮茶食饴的局部休闲空间。靠椅大多要倚墙摆放，这样才能避免行走路线的阻碍；凳子则可根据需要，无妨放置在室内空间的较中央处。

设计经验：处在同一空间内的木质座椅，适宜与其他木质家具搭配，金属构架的椅凳则与同样由金属构架组配的家具搭配。此外，风格迥异的混搭方式不适宜用在同一空间的家具摆放方式上。

小贴士 Tips　座椅或凳子的饰色，与室内的桌案、橱柜颜色不一定要完全一致，有时选用对比色或补色做面饰反而能打破家具颜色的单调感。

5.3　桌案

桌案包括桌子、台案、几类等。桌子的分类较多，样式也多，是人们居家生活最主要的家具类型之一。台案在古代所起的作用较现代的重要，但随着近期复古风的兴起，这类家具又开始进入家居空间。几类长久以来一直扮演着家居休闲与待客用具的角色，虽非占据重要位置，但也不可或缺。

5.3.1　桌子（见表5-5）

表5-5　桌子常见式样及特点速查表

名称	特点与适配	外观
八仙桌	中国传统家具之一，桌面四边长度相等，实木。因每边可坐二人，四边围坐八人而得名，多设计在中式、新中式餐厅、茶楼环境中	
中式八角桌	中国传统家具之一，由方桌演变而成八个角边，实木，桌面裙边多配以雕饰，多设计在中式、新中式餐厅、茶楼环境中	
中式大圆桌	中国传统家具之一，由方桌变化而来，实木，有的桌面裙边配以雕饰，多设计在中式、新中式餐厅、茶楼环境中	
三腿桌	希腊化时期简易餐桌，主要用于放置食物，矩形桌面配置三角形的腿足，是希腊人对家具的创新，多设计在欧式环境中	

（续）

名称	特点与适配	外观
三足立柱小圆桌	西式常见家具之一，外观简洁轻巧，有实木、石材，以及玻璃配置金属支架等多种材质制作的区别，多设计在仿古、现代风格环境中	
八角桌	阿拉伯民族常用家具之一，实木镶嵌彩虹珍珠母贝，面饰图案丰富，外观奢华，多设计在阿拉伯风格环境中	
托盘折叠桌	阿拉伯民族常用家具之一，铜盘，面饰图案丰富，外观奢华，多设计在阿拉伯风格环境中	
办公桌	家用的也称写字台，是家庭日常生活和对外工作的常见用具之一，以实木或复合板为主材，抽屉、橱柜相结合，根据外观设计，适合配置在多类型仿古或现代环境中	
翻板写字台	欧式个性化家具之一，实木，把橱柜功能与书桌功能结合，可活动，闭起为橱门，放下便是写字台，多设计在简欧、美式环境中	

5.3.2　台案（见表5-6）

表5-6　台案常见式样及特点速查表

名称	特点与适配	外观
平头案	中国传统家具之一，实木，案面平直、简洁，两端无多余装饰，案腿大多缩进桌面内，多设计在中式、新中式书斋、玄关空间内	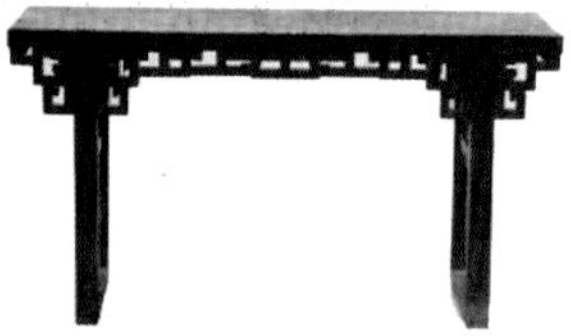
四屉桌	中国传统家具之一，实木，外观与平头案近似，但案面下设置四个抽屉，显得端庄敦厚，上摆香炉烛台等，多设计在中式、新中式厅堂、玄关空间内	
靠墙桌台	欧洲传统家具之一，实木，台型细长，正面三边切面，反面取直无切边，看起来像半张桌子，倚墙放置，面饰图案精细，多设计在古典、新古典环境中	
梳妆台	中外家庭常用家具之一，有中式、西式、简约式区别，配有镜子与抽屉，供女性梳妆方便之用，多设计在卧室空间内	

5.3.3　几类（见表5-7）

表5-7　几类常见式样及特点速查表

名称	特点与适配	外观
茶几	一般分方形、矩形两种，材质有木制、玻璃、滕竹、大理石等不同形式，高度较餐桌矮许多，外观上有的仿古、有的简约，常与两把椅子搭配使用，放置杯盘茶具，可设计在几乎所有东方式风格的室内环境中	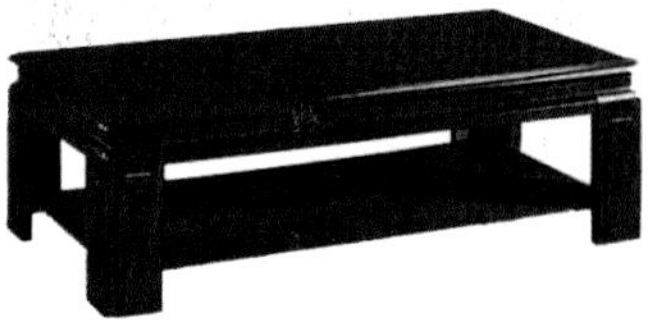

（续）

名称	特点与适配	外观
根雕茶几	利用老树根或树桩的形体，加工成具有装饰效果和实用功能的茶几，多设计在中式、新中式会客厅、茶楼环境中	
咖啡桌	欧洲传统家具之一，外观、材质与高度类似中式的茶几，所不同的是大多用以放置咖啡饮具或果盘，可设计在几乎所有西式风格的室内环境中	
飘浮咖啡桌	现代家具，木材、玻璃、合金、不锈钢等材质多见，是一款根据人的错觉心理设计的家居用品。支架隐藏在桌面下，借助光照阴影，产生类似飞毯飘起的感觉，可设计在现代简约风格的室内环境中	
花几	花几又称花架或者花台，除少数体型较矮小外，大都较一般桌案要高，是专门用于陈设花卉盆景的，多陈设在厅堂、书斋各个角落，形制有方形、圆形、六角形、八角形等，实木，多设计在中式、新中式环境中	

陈设特点： 台案的功能比较特殊，一般会靠墙放置，而餐桌大多放置在房间的居中位置，办公桌、写字桌则多半倚墙而置，几类除了花几外，通常与座椅、沙发等搭配，居中设计。

设计经验： 在中式或新中式装饰风格的家居中，偶尔将含有异国情调的某件几案配置在其中，反而能够增添几分新意的氛围，这是当下室内软装设计常用的混搭方式。

小贴士 Tips　随着社会对环保意识越来越重视，传统家具的木制材料已被越来越多的人造材料替代，这是社会发展的进步所在，设计师们可大力推广这种设计理念。

5.4　橱柜

室内最主要的家具类型之一，包括衣橱、箱柜等。衣橱是室内大型家具，历史悠久，随着近当代设计观念的发展，衣橱与壁橱合为一体，构成新的家具形式；箱柜的储衣储物功能不变，但在现代家居中已经日渐被边缘化。

5.4.1　衣橱（见表5-8）

表5-8　衣橱常见式样及特点速查表

名称	特点与适配	外观
实木衣橱	常见家具之一，实木，以中式、欧式的式样为多见，以橱门为闭合结构，内设有挂衣空间，体积较大，可根据外观不同设计在几乎所有风格的室内环境中	
壁橱	又称内嵌壁柜，是指与墙壁结合而成的落地或悬挂储藏空间，用材多样，体积较大，功能与实木衣橱相似，外观造型可多变，能按需求设计在几乎所有风格的室内环境中	

5.4.2　箱柜（见表5-9）

表5-9　箱柜常见式样及特点速查表

名称	特点与适配	外观
圆角柜	出现于宋朝，成熟于明朝，实木，柜顶转角呈圆弧形，全部用圆料制作，顶部有突出的圆形线脚。不仅四脚是圆的，四框外角也是圆的，也可称为圆脚柜，多设计在中式环境中	
五斗柜	传统家具之一，中式、欧式都有。五斗柜是一种抽屉柜，实木，整柜布满抽屉，其内可分类放置一些小杂件或衣物等，多设计在中式、新中式卧室内	
展示柜	分传统与现代两类，材料上有实木、复合板、金属、玻璃等区别，结构上通常由开放陈列柜体与封闭存储柜体组成，多设计在客厅空间内	

（续）

名称	特点与适配	外观
床头柜	又叫边几，近现代居室常见家具之一，设置在睡床两侧，配有抽屉、小橱，便于存取常用小物品，可按照不同外观适配于多种仿古、现代风格	
实木衣柜	常见家具之一，实木，以中式、欧式的式样为多见，抽屉、橱柜相结合，体积上比衣橱低矮些，有的也内设挂衣空间，可根据外观不同设计配置在几乎所有风格的室内环境中	
储藏柜	常见家具之一，实木，复合材料，以中式、欧式的式样为多见，封闭橱柜与开架隔层相结合，可根据外观不同设计配置在几乎所有风格的室内环境中	
餐边柜	餐边柜（碗碟柜）是放在餐厅空处或餐桌一边具有收纳功能的储物柜，可用于放置碗碟筷、酒类、饮料类，以及临时放汤和菜肴用，也可放置客人的小物件	
书柜	书房的主要家具之一，用来存放书籍、报刊、杂志等	

（续）

名称	特点与适配	外观
角柜	有方形、三角弧形等形制，体积普遍较小，用于收纳衣物、书籍、饰品等，一般放置在墙角，常见的有实木、草编、塑胶等材质，可按外形需求设计在几乎所有风格的室内环境中	
电视柜	主要用来摆放电视、音响设备等电器，有实木、板材、合金等材质，古典、复古、现代、中式、西式等式样应有尽有，可按外形需求设计在几乎所有风格的室内环境中	
洗漱柜	现代洗漱器具之一，由传统脸盆架改进而来，下设橱柜，中设洗盆，上设镜子，连成一体，简洁实用，多设计在现代、简约式卫生间内	
樟木箱	中国传统家具之一，取材樟木树，可防虫防蛀、驱霉隔潮，是珍贵字画、书籍、丝绸衣物等的理想储物器具，且带清香气息，外观上镶嵌铜、银饰片或雕饰，华丽古朴，多设计在中式、新中式居室环境中	
漆皮箱	传统箱具之一，来自西域，由牛皮或者羊皮制成，漆皮箱的中间层是经过精心加工、缝制的牛皮，最外两层则是天然生漆，美观厚实，多设计在中、西传统样式居室空间环境中	

陈设特点： 衣橱、箱柜都是生活必需品，橱、柜在室内的布局，通常是依墙而置，或作为空间的分隔。除此之外，橱、柜的外观装饰形式能够给室内空间带来诸多审美性的视觉感受。

设计经验： 橱、柜在家具中属于体积庞大的物件，在设计中需要充分考虑空间使用的合理性，以最大的整体感来设计空间布局。橱、柜的外观装饰依据室内空间的装饰风格而定，一般的设计规律是，传统、古典的风格，有较多的繁装纹样与之对应；当代、轻奢的风格，多以简约形态匹配。

> **小贴士 Tips**
>
> 家居中的橱、柜，用樟木作为制作材料，可以提升嗅觉的美感，让家具融入自然情趣的韵味。

5.5 其他

室内装饰中，屏风、盆架、博古架等虽然不属于最为必需的室内家具，但可以美化家居环境，为室内环境装饰带来布局美感。

5.5.1 屏风（见表5-10）

表5-10 屏风常见式样及特点速查表

名称	特点与适配	外观
中式围屏	中国传统家具之一，起挡风、避观作用，美化装饰环境效果突出，由偶数屏扇组成，可折叠，分4、6、8扇，多至12扇。由屏框和屏芯组成，每扇之间用铰链连接，屏框除了传统用木、竹制外，现代屏风还采用金属、铝合金作骨架，屏芯多用尼龙、皮革、塑料、彩绸等材料，多设计在中式、新中式环境中	
中式插屏	中国传统家具之一，功能与围屏近似，结构上可装可卸，用硬木作边框，中间加屏芯，屏芯多用漆雕、镶嵌、绒绣、绘画、刺绣、玻璃饰花等作表面装饰，多设计在中式、新中式环境中	
宝座屏风	中国传统家具之一，结构与插屏近似，屏芯多镶嵌象牙、玉石、珐琅、翡翠、金银等贵重物品，极尽奢华，常与太师椅或罗汉床等搭配，功能上更多的是突出尊贵之气，多设计在中式、新中式环境中	
西式屏风	由中式屏风传入欧洲，流行于法国路易时代，结构基本模仿中式屏风，但外观装饰发生许多变化，屏框由直线转换为曲弧线，屏芯绘画多以欧洲人物景观为内容，色彩浓郁强烈，多设计在欧式古典、新古典环境中	
简式屏风	由传统式样转变而来，结构简洁，没有复杂的雕刻或绘画来装饰外观，但依然保留大部分传统屏风的功能，多设计在简欧、现代环境中	

5.5.2 盆架（见表5-11）

表5-11 盆架常见式样及特点速查表

名称	特点与适配	外观
平底型三角脸盆架	中式传统家具之一，实木，高背，雕饰美观，背首出耳，平底三脚架处用于放置脸盆，多设计在中式、新中式环境中	
平底方形盆架	由中式传统家具演变而来，实木或非木料制品，有多个隔层，可置物，或放置脸盆，多设计在现代家居环境中	

5.5.3 博古架（见表5-12）

表5-12 博古架常见式样及特点速查表

名称	特点与适配	外观
博古架	博古架又名多宝格，中式传统家具之一，实木，是室内隔断的一种，摆放古玩、玉器等小品的古雅设置。博古架尺度大小十分灵活，小者只有几层，摆放在干炕桌上；大者连续多间房屋，并在架间开设门洞以供人出入。为了摆放各种古玩等小品，产生丰富的层次感，架子上的格子大多拼成各种拐子纹，以形成形状、大小不同的空格，格中摆放各式古玩摆件，多设计在中式、新中式环境中	

陈设特点：屏风在中式传统家居环境中，多设计在客堂的迎宾入口处或作为靠山墙，起到尊、雅的作用。时至今日，它基本退出了实用舞台，仅仅出现在仿古型的新中式家居环境中。盆架是传统家居环境中常见的生活用具，现在也已基本退出实用舞台，仅出现在集体宿舍内。博古架虽然历史悠久，但经过改观，现在依然是家居空间的"宠儿"。

设计经验：屏风的使用，需要有较高的室内空间与之匹配，当代标准尺寸的房间，需要对屏风的高度做降缩改进，比较适合用于日式风格的家居环境中；传统形态的盆架，如今都已退出历史舞台，从归类上看大致可被认定是洗漱柜的前身；博古架的功能古今一致，只是有的在外观上略融入些简约的元素。

Chapter 6 / 第六章
灯具及照明

6.1 灯具分类

　　灯具的类型极其多样，主要有吊灯、吸顶灯、落地灯、台灯、壁灯、射灯、筒灯、灯带，它们交相辉映，为黑夜带来光明和美好，也为设计师提供了无穷无尽的设计灵感。

6.1.1 吊灯（见表6-1）

表6-1　吊灯常见特点及样式速查表

名称	特点与适配	外观
水晶晶莹吊灯	配饰水晶吊坠，造型丰富，装饰效果出色，照明效果亮丽，多设计在西式室内环境中	
金属烤漆吊灯	金属外罩耐高温，不透光，照明多有指向性，多设计在简约式风格室内环境中	
亚麻布艺吊灯	造型简洁，质感柔和，光照柔美，多设计在简约式风格室内环境中	
天然云石吊灯	透光性良好，光照柔和舒适，质感特别，外观奢华，多设计在欧式、美式室内环境中	
天然贝壳吊灯	照明效果一般，难以充当主光源，但装饰效果很强，外观特别，多设计在现代、简约等风格中	

（续）

名称	特点与适配	外观
实木框架吊灯	造型美观，雕刻工艺精致，有一定的阻光性，有光照阴影，多设计在中式、新中式等环境中	
木片编制吊灯	造型现代，设计感强，有照明阴影，多设计在现代、后现代等风格中	
透明玻璃吊灯	造型简洁，色彩丰富，照明无死角，光照延续性强，多设计在现代、美式乡村等风格中	
亚克力吊灯	新材料灯具，造型多样，透光性良好，光照柔和，多设计在现代、简约等风格中	
仿烛台吊灯	造型像蜡烛，烛芯由LED灯构成，照明度取决于蜡烛造型的数量，多设计在欧式、美式等风格中	
中式宫灯吊灯	仿中国古代宫灯造型，光照柔和，照明面积大，多设计在中式、新中式等风格中	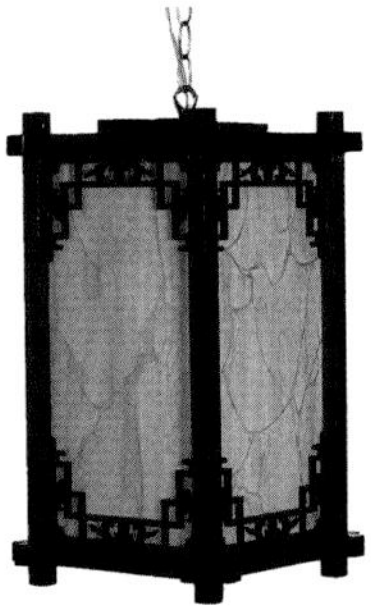

照明特点： 吊灯照明层次丰富，可作主光源。从照明效果上看，吊灯下吊距离越长，对空间的整体照明就越充分，通常，提升照明源的亮度是必要的，但不能过于刺目。

设计经验： 吊灯常见于会议室、宾馆大堂、餐饮大厅、商业空间内；住宅则主要设计在客厅、餐厅处。从装饰效果上看，层高越高，吊灯的装饰效果越精美；单体造型精美的吊灯，需要简洁的顶面来适配，能更显吊灯美感。

> **小贴士 Tips** 选择单体吊灯，不宜太大，以精致小巧型为宜。

6.1.2　吸顶灯（见表6-2）

表6-2　吸顶灯常见特点及样式速查表

名称	特点与适配	外观
水晶柱吸顶灯	材质明丽，装饰感强，灯光隐藏在水晶柱中，有绚烂的照明效果，多设计在欧式、简欧等风格中	
磨砂玻璃吸顶灯	光感朦胧，造型多样，灯光不刺目，柔和度高，覆盖面广，多设计在现代、简约等风格中	
黑色塑料吸顶灯	黑白对比反差大，有幽深的错觉感，光照覆盖面积受局限，不适合大面积空间，多设计在简约、现代等风格中	
金属仿古吸顶灯	外观古朴，采用旧的金属工艺，照明度强，但不刺眼，多设计在美国乡村、田园等风格中	
素纹布艺吸顶灯	质感特殊，有一定的隔热性，透光性视照明亮度的强弱有别，光感柔和，多设计在北欧、简约等风格中	
荧光长条吸顶灯	造型极简，但细节处理精致，冷、暖光可任意调节，多设计在简约、现代等风格中	
亚克力印花吸顶灯	样式仿古典，花型丰富，照明无死角，光感柔和，多设计在简约、现代和后现代等风格中	

（续）

名称	特点与适配	外观
不锈钢拉丝吸顶灯	表面有细密凹凸的拉丝质感，耐高温，不变形，光照柔和，包边不透光，光照覆盖面受局限，多设计在现代、后现代等风格中	
中式图案吸顶灯	实木雕刻且图案复古，外观富贵，照明面积大，强度高，多设计在中式、新中式等风格中	

照明特点：照明度普遍较高，可作主光源；与吊灯比，照明层次逊色，常与筒灯或射灯作呼应，以补充空间光影层次。印花罩面吸顶灯对空间内的装饰效果出色，但透光性略差，需要其他光源的补充。

设计经验：吸顶灯对空间的硬性要求比较低，例如对层高、形状和空间面积等的要求；吸顶灯几乎可以安装在任何空间，并且可设计出充足的照明亮度；对吸顶灯的选择，除了形状外，还要注意其外观是否与空间装饰风格相协调；公装、家装都适配。

> **小贴士 Tips**
> 吸顶灯搭配筒灯等点光源的照明效果出色，可提升空间内的光影层次变化。

6.1.3　落地灯（见表6-3）

表6-3　落地灯常见特点及样式速查表

名称	特点与适配	外观
不锈钢网状落地灯	造型富有现代感，向下照明亮度充足，向上有方形光斑，多设计在现代、后现代等风格中	
黑漆塑料落地灯	材质轻便，底座以金属搭配，保证灯具稳定，照明指向性良好，向下照明度足，多设计在现代、后现代等风格中	

（续）

名称	特点与适配	外观
实木支架落地灯	实木材质支撑稳固，重量较轻，便于移动，照明亮度良好，多设计在北欧、简约等风格中	
彩色玻璃落地灯	色彩绚烂，复古造型，装饰性强，照明光感多变、柔和，有静谧感，多设计在美式、田园等风格中	
金属烤漆落地灯	不怕刮划，不掉面漆，照明无死角，覆盖面积大，多设计在简欧、北欧等风格中	
金漆印花落地灯	金漆质感华贵，有复古感，光色偏暖，有较强的亮度，多设计在欧式、法式等风格中	
多级调节落地灯	自由高度，可通过节点调节灯的高度，照明方向可按需变动，多设计在简约、现代和后现代等风格中	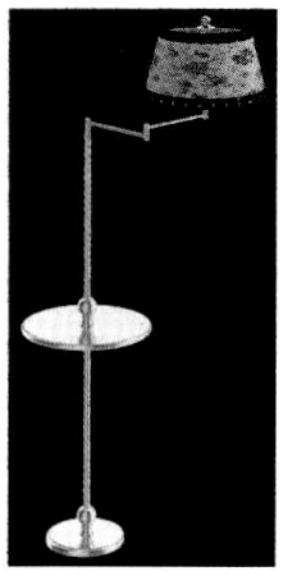

（续）

名称	特点与适配	外观
藤编造型落地灯	环保，自然清新，重量轻，照明有斑驳变化的光影，多设计在东南亚、田园等风格中	
雕花屏风落地灯	既可作屏风，又有落地灯的照明功能，照明无死角，覆盖面广，多设计在中式、新中式等风格中	
偻背造型落地灯	适合放在书桌旁，代替台灯，照明有良好的护目效果，多设计在简欧、美式等风格中	

照明特点：落地灯作为可便捷移动的辅助性光源，具有很强的实用性能，照明亮度可以调节，常与沙发、单人座椅等组合在一起；亮度高的落地灯，也可充当空间的主光源，代替吊灯或吸顶灯；落地灯的照明高度普遍在层高的三分之二以下。

设计经验：公装较少见，多以家装为主。通常情况下，落地灯作为可移动光源，被安放在角落处或小面积的空间内，但不会作为独立的设计布置；落地灯高度与台灯的高度不能等高，要形成错落的光照关系；落地灯的外观风格，要与家具的装饰风格搭配，形成呼应；吸顶灯搭配筒灯等点光源的照明效果出色，可提升空间内的光影层次变化。

小贴士 Tips｜在一些小面积客厅内，不能满足两侧都摆放茶几和台灯时，可在转角处摆放落地灯来代替台灯。

6.1.4 台灯（见表6-4）

表6-4 台灯常见特点及样式速查表

名称	特点与适配	外观
彩釉陶瓷台灯	色彩丰富，样式高贵，装饰感强，横向照明柔和，纵向照明有光斑，多设计在法式、中式等风格中	
金属框架台灯	造型多样，质量坚固，不易变形，照明亮度不受灯具框架影响，多设计在简约、现代等风格中	
透明玻璃台灯	灯罩、灯柱和底座都由玻璃组成，照明延伸性好，覆盖面积大，多设计在北欧、现代等风格中	
素纹布艺台灯	外观简朴，易于与沙发和窗帘等搭配，光感柔和微弱，适合局部照明，多设计在东南亚、美式乡村等风格中	
大理石台灯	材质华贵结实，轻奢稳固，照明度强，在大理石上有投射，效果奇特，多设计在现代、北欧等风格中	
折叠台灯	可折叠，造型新颖，重量轻，光照明快，可调节照明方向，多设计在书房或工作空间内	

（续）

名称	特点与适配	外观
收纳置物台灯	底座设计为托盘，里面可放置食物或其他小杂物，照明亮度充足，多设计在厨房、餐厅等桌面上	
可调节高度台灯	在节点可任意调节高度，材质多为金属，照明多呈圆形的光斑，多设计在书房等空间的书桌上	

照明特点：台灯在客厅中起到的作用是装饰，其照明是以辅助空间的光影变化为主。当台灯作为重要照明时，需要配备可调节光的功能，以符合多种照明的需要；若作为装饰台灯的功能，其照明则多以柔和的光色为主。

设计经验：台灯的设计，公装除了办公室、酒店客房等外，其余空间极少见；台灯主要用于家装，住宅中的卧室、书房，常摆放台灯。同一空间内的台灯，最好选择样式一致的，忌讳出现色彩、样式风格各异的灯具；最好要有一定重量，以防质轻被碰滑落。

> **小贴士 Tips** 阅读台灯是专门用于看书写字的灯具，需要外形简洁轻便，且灯杆高度、光照方向、光照亮度都要可调节。

6.1.5 壁灯（见表6-5）

表6-5 壁灯常见特点及样式速查表

名称	特点与适配	外观
金属雕花壁灯	金属雕花的表面涂刷有做旧的金漆，装饰效果好，向上照明度比较足，多设计在欧式、法式等风格中	
白漆铁艺壁灯	具有轻快的色调和出色的装饰效果，照明光感柔和舒适，散光性良好，多设计在田园、地中海等风格中	

（续）

名称	特点与适配	外观
素白玻璃壁灯	磨砂处理后的玻璃罩面，有柔美的质感，照明柔和不刺目，多设计在美式、现法式等风格中	
水晶吊坠壁灯	装饰性很强，奢华、复古，仿烛光照明微弱，但显得温暖舒适，多设计在欧式、法式等风格中	
素纹布艺壁灯	造型简洁大方，布艺质感柔软舒适，光照柔和，多设计在简约、现代等风格中	
实木结构壁灯	造型多样，装饰效果好，实木框架稳固耐用，照明覆盖面积大，光感温馨，多设计在中式、新中式等风格中	
纸质灯笼壁灯	纸质面罩有单色的，也有带图案的，照明光感柔和不刺目，光圈范围小，多设计在中式、新中式等风格中	
藤编结构壁灯	造型自然清新，光影富有变化，被过滤的光照朦胧且留下光斑，多设计在东南亚、北欧等风格中	

（续）

名称	特点与适配	外观
亚克力透光壁灯	重量轻，造型简洁，磨砂面罩质感舒适，照明无死角，光感冷暖可调，多设计在简约、北欧等风格中	

照明特点： 壁灯是室内辅助照明装饰灯具，光线淡雅和谐，可把环境点缀得优雅、富丽，壁灯的照明度通常较弱，不作为主光源；在筒灯面世前，壁灯是最主要的装饰性点光源，起到烘托空间氛围的作用，它的装饰性功能要多于实用性功能。

设计经验： 壁灯常见于会议室、宾馆大堂、餐饮大厅、多种商业空间内；家装中，壁灯主要设计在客厅、餐厅以及过道等处，很少设计在卧室和书房里；壁灯要与墙面面积形成比例关系，不可过大或过小，壁灯所安装的位置要相对较高，以保护儿童的安全；壁灯的材质、样式要与墙面、家具等环境形成呼应关系。

小贴士 Tips　壁灯灯罩的选择应根据墙色而定，例如白色或奶黄色的墙，宜用浅绿、淡蓝的灯罩，在统一中点缀上略显出挑的小色块，给人装饰美感。

6.1.6　射灯（见表6-6）

表6-6　射灯常见特点及样式速查表

名称	特点与适配	外观
绝缘塑料射灯	塑料外壳绝缘，防漏电，且有一定的阻热性，白光，亮度充足，多设计在大堂、客厅、餐厅等空间	
磨砂罩面射灯	照明不刺目，光感柔和舒适，与顶面的结合设计好，多设计在简洁造型的顶面上	

（续）

名称	特点与适配	外观
墙面固定射灯	用支架固定在墙面上，照明方向可适当移动，指向性强，照明度高，多设计在后现代等时尚空间中	
轨道式射灯	光源可在轨道上按需左右移动，有指向性照明区域，定向照明效果好，多设计在需要重点照明的区域中	
嵌入式射灯	射灯安装后与顶面持平，不凸出顶面，照明有多种光斑效果可选择，光影变化丰富，多设计在顶面内侧	
水晶状射灯	外表面呈有规则的多面体状的环状水晶，不起毛，且发射的光线明亮，色彩斑斓，多设计在顶面的四周，以突出光照效果	
拉丝不锈钢射灯	拉丝工艺富有质感，是新科技的产物，装饰性较强，照明有冷暖光可选择，多设计在新型材料造型的顶面中	
双头斗胆射灯	体型较大，装饰效果具当代性，照明亮度高，一定程度上可替代空间的主光源，多设计在厅、堂等较大空间内	

照明特点： 射灯属于纯粹的点光源，照明的指向性明确，区域性明显，在边界处有明显的光斑阴影，在照明范围内有明显的热度，这一特点决定了射灯不能承担主要的照明任务，但有很出色的照明辅助效果。

设计经验： 射灯作为补充光源，用途比较广，博物馆、剧院、体育场馆、宾馆大堂等都较为常用。家装中，射灯主要用于室内环境的氛围烘托或装饰物的重点照明，在安装时，不需要等序排列；斗胆射灯有双头和四头的区别，简约装饰时，有的可作为空间中的主光源。

> **小贴士 Tips**
> 射灯不可误当筒灯使用，因其照明用于局部聚光的亮度显得比较高，照明较为生硬，不适合直接照射脸部，例如直接作为浴室的镜前灯。

6.1.7　筒灯（见表6-7）

表6-7　筒灯常见特点及样式速查表

名称	特点与适配	外观
LED筒灯	使用寿命长，不会产生紫外线，照明光线比较集中，被照物体凸显视觉中心，广泛运用于各风格、各空间中	
铁皮筒灯	性价比高，但较易生锈，照明亮度高，但多为白光，多设计为工程用灯，家装比较少用	
纯铝筒灯	耐热性好，重量轻，照明散光性好，不刺眼，多设计在造型简洁的顶面中	
塑料筒灯	外壳一体化，持久耐用，照明多为白光、柔和的灯光，多设计在厂房、厨房、卫生间等处	
雕花筒灯	奢华，装饰感强，照明以暖光为主，光线柔和温馨，多设计在欧式等风格中	
不锈钢筒灯	外观材料坚固耐用，时代气息浓厚，照明有冷暖光可选，多设计在造型时尚、现代的空间中	
内嵌式筒灯	造型简洁，尺寸多样，照明覆盖面大，但亮度偏低，广泛设计在各种风格空间中	

照明特点： 筒灯照明主要是散光，不会形成明显的光斑，照明范围内不会有明显的热源，因此在家装设计中应用广泛；筒灯对空间的提亮效果很理想，当空间内只设计主光源，而角落照明亮度不够时，可用筒灯来辅助主光源照明。

设计经验： 筒灯作为补充光源，在博物馆、剧院、宾馆大堂、商业空间等处都被普遍采用。家装中，筒灯照明需要等序排列，筒灯距离墙面至少要保持25cm的距离，两灯间距一般保持在60~90cm之间；狭长空间内适合选择大尺寸筒灯，以免产生照明死角。

> **小贴士 Tips**
>
> 选用大尺寸筒灯时，要配磨砂面罩，不然照明会很刺眼。

6.1.8 灯带（见表6-8）

表6-8 灯带常见特点及样式速查表

名称	特点与适配	外观
柔性LED灯带	把LED灯用特殊加工工艺焊接在铜线或者带状柔性线路板上，发光时形状如一条光带。绝缘，柔软，能被剪切和延接，可按需制作出光带图形，被广泛设计在各种类型空间内	
LED硬灯条	用PCB板做线路板，不能随意弯曲，但直线性、散热性优于柔性LED灯带，更方便固定，多设计在展柜、衣柜等空间	

照明特点： 灯带的照明作为室内辅助光，具有明亮而含蓄的特点，有冷、暖色温的区别，常与主光源和射灯搭配，作为室内空间色温的互补，呈现出丰富的照明层次。

设计经验： 灯带作为近几年新兴的补充光源，被大量用于宾馆、办公楼、商务楼等公共空间，也多用于家装客厅、餐厅以及过道等处，灯带的设计对提亮空间、丰富光层有明显作用。其优点是节能、明亮、无连接处阴影。

> **小贴士 Tips**
> 灯带颜色多变，可调光，用途广泛，可用于顶面、地脚线和腰带的照明提示，光感柔和。

6.2 照明设计

在不同的空间设计中，要选择适合的照明光源才能起到良好的照明效果，传统照明光源（例如白炽灯、卤钨灯等）适合大面积的空间照明，而LED灯与节能灯等，只适合局部照明。

6.2.1 住宅空间（见图6-1和图6-2）

1.空间特点

住宅空间主要包括客厅、餐厅、卧室、书房、厨房、玄关、过道、卫生间等，以居住者获得舒适、温馨、安乐、品质升级，乃至艺术品味等良好身心体验为需求。

图 6-1

2.照明需求

环境光的设计，具有柔和的光照效果，适合住宅大部分空间。

轮廓光的设计，营造空间的层次感，还可以增添室内的美感，作为辅助光，可用于补充墙面、顶面等处的轮廓。

焦点光的设计，相对照明范围小，光照集中，主要用来营造局部的氛围，增添美感，传递艺术气息。

3.灯具配置

以白炽灯光照明为主光源。

环境光的配置，灯具类型主要通过吊灯、筒灯、吸顶灯、双头斗胆射灯等照明布光完成，适配在客厅、餐厅、卧室、书房、厨房等空间，可营造出明亮、温馨、和谐的氛围。

轮廓光的配置，灯具类型主要通过灯带、隐藏式筒灯、灯泡等照明方式完成，适配在客厅、餐厅、玄关、卫生间等空间，可呈现出层次丰富、色温中和的照明效果。

焦点光的配置，灯具类型主要通过台灯、壁灯、落地灯、射灯等照明方式完成，适配在客厅、餐厅、卧室、书房等空间，可引导出主次有别、造型丰富的照明专区。

4.注意事项

住宅空间不同于商业空间、展示空间、餐饮空间等，一些过分炫目的照明，不适合设计在住宅空间内，以免给居住者产生紧张、眩目的不适，尤其对霓虹灯的设计，无特殊需求尽量免置。

6.2.2 办公空间（见图6-3和图6-4）

图 6-2

图 6-3

内嵌式筒灯

悬吊式荧光灯

图 6-4

1.空间特点

办公空间面积普遍比住宅大，且类型多样，通常分为公共办公空间与隐蔽办公空间两大类，以办公者能够在其中获得愉悦、便捷、高效、和谐等良好身心体验为需求。

2.照明需求

办公空间都需要提供简洁明亮的良好环境，以满足办公、沟通、会议等工作上的需要，还要保持区域之间的统一性和舒适性，提高员工的工作效率。同时还可以通过办公空间向来访者传递公司文化形象。

3.灯具配置

公共办公空间多设计荧光类吸顶灯、吊灯、筒灯等，以保证充足的照明。同时为了节能，也要考虑人工照明与天然采光相结合的照明设计，因为办公时间几乎都在白天。

领导办公室相对于公共办公空间要小些，除了设计吸顶灯、筒灯等作为主光源外，还要考虑配备台灯或落地灯作为辅助光，便于工作。

会议室照明主要用吊灯、筒灯、壁灯等，也兼设灯带。

在开放式办公空间内，难以预定每个工作台位置时，可选用发光面积大、亮度高的双向蝙蝠翼式配光灯具，例如嵌入式吸顶灯等。

4.注意事项

办公室的一般照明宜设计在工作区的两侧，采用荧光灯时宜使灯具纵轴与水平视线平行，不宜将灯具布置在工作位置的正前方。

射灯的使用要十分小心，所配置的区域以不分散员工的注意力为宜。

6.2.3　教学空间（见图6-5和图6-6）

1.空间特点

学校的教学空间类型主要包括教室、阅览室、图书馆、报告厅等活动空间，各空间总体上需要满足宽敞、便捷、通透、明亮、安全等基础条件。

2.照明需求

图 6-5

图 6-6

教室的照明以明亮、均匀、无眩光为基本要求。

阅览室的照明，除了要满足教室的照度外，还要进一步考虑水平照度、垂直照度、均匀照度、亮度比、防眩光等技术指标。

图书馆的照明，除了近似阅览室的需求条件外，也要特别关注书架区的垂直照度设计。

报告厅的照明，可适当增加照明的层次感，以满足该空间作为学术交流平台的多种需求。

3.灯具配置

以荧光灯、白炽灯照明为主光源。

环境光的配置，主要通过荧光灯、吸顶灯、筒灯等照明布光完成，适配在教室、阅览室、图书馆、报告厅等空间，可营造出明亮、通透、安静、祥和的氛围。

轮廓光的配置，主要通过灯带、隐藏式筒灯、灯泡等照明方式完成，适配在阅览室、图书馆、报告厅等空间，可呈现出宽敞明亮、色温宜目的照明效果。

焦点光的配置，主要通过壁灯、射灯、落地灯、地灯等照明方式完成，适配在阅览室、图书馆、报告厅等空间，可引导出指示方向，营造出特定氛围的照明专区。

对自然光的有效利用，是设计灯光类型与配置的科学依据。

4.注意事项

所有空间都必须谨防光源对眼睛造成直射，引起眩目。

阅览室、图书馆的照明设计要做到阅览区下部（桌面）亮些而上部（顶面）相对暗些，书架区上部(顶面)亮些而下部相对暗些。

6.2.4 商业空间（见图6-7和图6-8）

1.空间特点

广义上，所有与商业活动有关的空间形态均可称为商业空间；狭义上，商业空间主要指商场、店铺、超市、游乐场等。这些空间由于各自的商业属性不同，空间的大小区别巨大，要想对这些空间进行有效的美化，首先需要了解它们各自的商业活动需求。

2.照明需求

商业空间的照明需求差别巨大，但总体上，依然离不开以下几项设计要求。

■ 环境光的设计：商业空间的照明基调。

■ 轮廓光的设计：商业空间的塑形照明。

图 6-7

图 6-8

■焦点光的设计：商业空间的色温调节。

■动态光的设计：商业空间的商贸需求。

3.灯具配置

■直接照明的设计：射灯、吊灯、吸顶灯、壁灯等光色基调的营造。

■半直接照明的设计：筒灯、嵌入式吸顶灯、隐藏型射灯、台灯、落地灯等光色基调的补充。

■间接照明的设计：通过装饰结构的设定，隐藏光源，灯带最为常用，营造环境色温。

■半间接照明的设计：通过装饰结构的设定，半隐藏光源，反向射灯、壁灯的设置也是常用手段，可辅助营造环境色温。

■漫射照明的设计：选用带有磨砂罩或素纹布艺的吸顶灯、壁灯、落地灯等，营造柔和的光色氛围。

■动感照明的设计：动态霓虹灯、追光灯、旋转灯、光束灯、流星灯等炫彩效果的配置。

4.注意事项

当下市场上的照明灯类型极为丰富，令人眼花缭乱。选择何种灯具类型，以及何种光色和造型，要根据具体的商业空间特性而定，切不可简单地照搬其他业态的照明设施来作为自己的照明设计依据，或者孤立地对灯具作想象性判断，而不去细致地区分每种灯具的照明视觉效果与特殊性能。

6.2.5 展示空间（见图6-9和图6-10）

1.空间特点

展示空间的特点是流动性强，需要采用动态、序列化、有节奏的展示形式来实现观众与展区、观众与展品、观众与展示方的互动关系。这就要求展示空间必须以此为依据，以最合理的方法安排观众的参观流线，使观众在流动中完整地、经济地介入展示活动，让人感受到空间变化的魅力。

2.照明需求

展示区的亮度不能低于其他区域，以突出展示区的核心位置和重要性。

光源不裸露，灯具的保护角度要恰当，以免产生眩光。

依据不同展品特性的要求，使用不同光源和光色，以免破坏展品的固有色。

一些特殊的贵重物品，一定要避免光线中紫外线的损伤。

照明灯具在使用过程中，应确保通风散热、防爆、防火和防触电等安全问题。

3.灯具配置

整体照明：一般利用自然光或使用吊灯、吸顶灯等直接照明灯具，也可以用泛光灯照射顶面的间接照明方式，渲染展厅整体氛围。为了突出展品的中心地位，整体照明可适当弱一些。

局部照明：主要针对展柜，照明方式以带遮光板的射灯、灯带为主，一般采用顶部照明；如果是可俯视的矮型展柜，可以利用下部透光灯带来照明。

版面照明：主要针对垂直墙面的版面的照明，可以在上方布置轨道射灯，或者在顶面上设置灯槽，内置灯带。

展台照明：强调展品的立体效果，使用轨道射灯、聚光灯等光线较强的局部照明，照射出有主次之分的展品；根据需要，还可通过底部暗藏灯带的投射来营造特需的氛围。

气氛照明：可设计泛光灯、激光发射器和霓虹灯等设施，营造出特别的展示气息和艺术气质。

展示照明常用的光源有：白炽射灯、低压卤钨灯、荧光灯、高压汞灯、霓虹灯、节能型射灯等。

4.注意事项

在展示物品时，如果展柜中没有照明光源，需要依靠展厅内的聚光灯来照明，则应注意调节好光源照射的距离和角度，并避免展柜玻璃的反光。

若展品是珍贵文物、艺术品等，则必须选择不产生紫外线的光源，或者在光源灯头上加上过滤色片，以滤去紫外线，确保展品安全。

6.2.6　餐饮空间（见图6-11和图6-12）

1.空间特点

1）私密餐饮空间。主要有西餐厅、酒吧、高档会所等，顾客注重体验感，一般讲究情调，对环境的要求比较高，空间一般较小。

图 6-11

图 6-12

2）休闲餐饮空间。主要为酒店、饭店、餐馆等，常作为商务或亲友聚会的场所，注重氛围的和谐，空间有大有小。

3）快速消费空间。主要指大众餐厅、自助餐厅、快餐店等，提供方便快捷的服务，空间一般较大。

2.照明需求

1）私密餐饮空间。在灯源选择上，应采用柔和低调的空间调性，整体的照度水平低，一般以比较有特色的装饰性照明作为视觉中心。

2）休闲餐饮空间。一般照度控制在 100~200lx，灯光的分布较为均匀，少有亮度对比，常见的点式光源、带状光源都能满足需求。

3）快速消费空间。一般采用简练而明亮的照明形式，可通过500~1000lx 的高照度和高均匀度的布光来体现经济与效率。

3.灯具配置

1）私密餐饮空间。常选择个性化、照度低的吊灯、筒灯，再辅以灯带、壁灯或落地灯等，烘托空间色光基调；通过射灯的局部照明，营造出情调化的环境氛围；有的还通过局部霓虹灯的动感光来增强进餐或饮酒的愉悦体验。

2）休闲餐饮空间。照明的设计，在明亮中不失柔和，水晶吊灯、宫灯、筒灯、壁灯等是常用灯具；灯带的设计，可进一步均匀光源的分布，避免空间出现较为唐突的光照亮度对比。

3）快速消费空间。多以白炽灯光源类型的吸顶灯、筒灯、灯带，以及荧光灯等做高照度和高均匀度的环境光，也用壁灯或射灯做局部补充光源。

4.注意事项

每种餐饮类型的空间，其灯光照明有各自服务对象的需求，对光源设计的位置、亮度、角度、温度等不能以不变应万变，对灯具造型的选择更是不可一成不变。

设计光照的角度时，切忌把光线直接照射到食客的眼睛上，以免给食客造成眩光的感觉。

光对餐桌的照明，除了光照要均匀外，还要避免造成阴影。

6.2.7　酒店空间（见图6-13和图6-14）

1.空间特点

1）酒店大堂。作为顾客与酒店发生最初接触的第一空间，在空间设计上一般是酒店最为宽敞的室内空间。

2）酒店客房。主要功能是让客户能够放松身心休息，室内空间比较私密，有的宽敞，有的较为紧凑。

3）走廊过道。是客户去客房的必经之地，也起着导向的作用。

4）酒店餐厅。方便住店宾客就餐的区域，近似休闲餐饮空间。

2.照明需求

图 6-13

标注：LED 灯带、筒灯、金属雕花壁灯、金属框架台灯、金属烤漆落地灯

图 6-14

标注：嵌入式射灯、透明玻璃吊灯、屏风落地灯

1）酒店大堂。大厅灯具造型和灯光颜色协调，灯光照度和亮度必须足够，提升灯饰造型的艺术效果，并对服务总台做重点照明设计。

2）酒店客房。营造一种温馨舒适的环境，照明不宜太过明亮。为了满足一些客户的阅读需要，可补充提供点光源。

3）走廊过道。不宜太过昏暗或太过亮眼，一般走廊安装有监控摄像头，灯光设计需要确保走廊的基本亮度，以满足摄像头的拍摄清晰度需求。

4）酒店餐厅。与休闲餐厅的灯光设计基本相似。

3.灯具配置

1）酒店大堂。常用照明灯具有吊灯、吸顶灯、筒灯、灯带、射灯等。考虑到大堂的照度如果太高会使人感到不舒适，太低则会使人感到沉闷，因此，照度一般选取在500lx左右较为合适。

2）酒店客房。常用照明灯具有吸顶灯、筒灯、壁灯、台灯等，客房的灯光设计通常以暖色光源为主，照度一般为50~300lx，局部区域（例如书桌前及床前用于阅读的区域）应有所区别，照度应提高至适宜阅读的300lx。

3）走廊过道。常用灯具有吸顶灯、筒灯、灯带等，有的也穿插小霓虹灯，作为导向指示照明。

4）酒店餐厅。明亮中不失柔和，水晶吊灯、中式宫灯、筒灯、壁灯等是常用灯具；灯带的设计，可进一步均匀光源的分布，避免空间出现较为唐突的光照亮度对比。餐桌桌面的照度以200lx为宜。

4.注意事项

酒店的照明，对色温要求较高，为避免发生光色杂乱的现象，最有效的办法是不设计使用交替混用的冷暖光源。

光槽目前已经在各类酒店设计中广泛使用，但有些泛滥；随着电光源、照明灯具制造技术的发展，用直接照明的方式已经能够避免不舒服的眩光对人产生视觉影响，但凡采用漫射光，未必非设计光槽藏置灯带不可，因为光槽内灯带的维护极为不便。

Chapter 7 / 第七章
布艺搭配

　　传统意义上的布艺，指布上的艺术，是民间工艺中的一朵奇葩。"图必有意，意必吉祥"，中国民间布艺多用一些象征性的图形。布艺在现代家庭中依然受到人们的青睐，它作为软装饰在家居中崭露头角，柔化了室内空间生硬的线条，赋予居室一种温馨的格调。布艺风格有中式、欧式以及其他混合风格。事实上，各种风格都互相借鉴、融合，赋予了布艺不羁的"性格"。

7.1　床品

　　布艺在床品中的体现由来已久，可谓类型繁多、风格多样，常见的包括床罩、床旗、靠枕、靠垫等，可增强床铺的装饰作用，提升室内环境的审美品质。

7.1.1　床罩（见表7-1）

表7-1　床罩常见式样及特点速查表

名称	特点与适配	外观
织锦床罩	床上纺织用品之一，主要功能是为了保洁，防止床单落灰，同时兼具美化环境的作用。这种床罩属于锦类丝织物，色彩瑰丽、图案精细，具有民族特色，是一种高级床罩，可用于居室床具民族风的装饰	
绉地床罩	床上纺织用品之一，又称泡泡纱床罩，由机织彩条泡泡纱制成，色彩丰富，手感柔软，质地富有变化。床罩使用时其色调要与居室总体布置的环境色相协调	
簇绒床罩	又称绣绒床罩，可用纯棉、腈纶、丙纶等作原料，用簇绒机将有色纱线固定在底布上，在底布的反面形成一定长度的绒缀，随后按描绘在底布上的花纹重复簇绒，再经缝边、刷绒等整理加工流程，质感既美观又大方，多在现代感较强的居室环境设计中	
衬棉床罩	由被面、衬里和填充料（化纤絮片）组合，经缝纫而成的薄型被褥床罩，有轻、软、滑的特点，质感厚实、华丽，多用在现代感较强的居室环境设计中	

7.1.2 床旗（见表7-2）

表7-2 床旗常见式样及特点速查表

名称	特点与适配	外观
中式床旗	又名床尾巾，在中国古代已有使用，是一种搭配被衾铺设，提升居室环境的装饰品。多为丝织，图案多绘花草鱼鸟，色彩常用红、黄色，有边穗，常用在中式、新中式居室环境设计中	
欧式床旗	外形与中式床旗类似，多以几何纹样间或绘较写实的人物、花果为装饰图样，色彩常用蓝、紫色，两端饰裙边，常用在简欧、现代居室环境设计中	

7.1.3 靠枕（见表7-3）

表7-3 靠枕常见式样及特点速查表

名称	特点与适配	外观
民族风靠枕	中国传统床上、卧榻用品，有正方形、长方形、圆形靠枕，缝制有刺绣图案，图案常有"一帆风顺""二龙戏珠""三阳开泰""四季发财""五福捧寿"等主题，寓吉祥、祝福之意，一般用于人们和衣午休或临时性的垫背靠首，常用在中式、新中式居室环境设计中	
新式图案靠枕	靠枕的形状、尺寸与传统靠枕类似，只是所缝制的图案迥异于传统刺绣图案，多以简洁和异域风情为特色，很有时代气息，常用在简欧、当代田园风格的居室环境设计中	

7.1.4　靠垫（见表7-4）

表7-4　靠垫常见式样及特点速查表

名称	特点与适配	外观
经典式靠垫	靠垫比靠枕要硬一些，是用来调节人体与座位、床位的接触点，以获得更为舒适的靠背角度。靠垫的装饰作用比较突出，通常用于卧室的床上、沙发上，也可用于地毯上做坐垫，在家居空间内有多种用途。靠垫的色彩可与床旗、靠枕一致	

搭配特点： 床品作为居室空间内与人接触最为亲密的装饰物，既体现出使用者的生活习惯偏好，又对展现居室氛围起到画龙点睛的作用。床罩、床旗、靠枕、靠垫是几种常见的兼具实用功能的装饰品，高低搭配，彼此呼应，越来越受到人们的喜爱，尤其床旗的布置，可打破床罩的单调感。

设计经验： 床罩、床旗、靠枕、靠垫通常需要在款式及图案风格上形成统一，色彩及搭配上要做到协调。例如，民族风图案的床品就不宜与当代风格的配饰混搭。几种床品的搭配，同色系与互补色系可互为穿插，采取"3+1"方式，即三件同色系床品配一件互补色系床品。

> **小贴士 Tips**
> 床品的经典款式历久不衰，但进入21世纪后，年轻人更喜欢具有创意性、款式新颖的床品。

7.2　窗帘

窗帘除了具有遮阳隔热和调节室内光线的功能外，还有美化室内环境的作用。窗帘有软质窗帘和硬质窗帘两大类。

7.2.1　软质窗帘（见表7-5）

表7-5　软质窗帘常见式样及特点速查表

名称	特点与适配	外观
布麻窗帘	布麻窗帘根据工艺不同，可分为印花布窗帘、染色布窗帘、色织布窗帘、提花布窗帘等。棉布和麻布是窗帘制作最常用的布料，由于质地柔软、色泽宜人、图案丰富，深受人们欢迎，适合配置在各种风格的居室环境中	
纱料窗帘	为桑蚕丝提花绞纱织物，织物轻薄平挺，绞纱孔眼清晰，花地相映，是一种高贵的窗帘材料。由于透光性良好，多作为遮阳的头层窗帘，以呈现清新淡雅的居室氛围	

7.2.2 硬质窗帘（见表7-6）

表7-6 硬质窗帘常见式样及特点速查表

名称	特点与适配	外观
木片窗帘	传统栅格窗和竹帘的变体，通过与拉伸工艺的结合，形成开合自如的新式窗帘，条纹简洁，颜色素雅，材料环保，同时还有透气性好的特点，是简约式居室空间和办公空间的适宜窗帘款式	
金属窗帘	一种新型装饰材料，采用优质铝合金、黄铜、紫铜等金属材料制成，以螺旋套编织方式成形，并经过特殊表面处理，具有耐高温、不褪色的特点，有很强的现代感，被广泛应用于酒店、博物馆、展厅、商场等室内空间的遮阳	

搭配特点： 选择不同质地（原料）或品种的窗帘与不同风格、材质的家具搭配，这是统一室内装饰风格的关键；提花布窗帘、色织布窗帘可与古典实木家具搭配，植物、花卉、鱼虫图案是其不变的主题，两者轻重相伴、刚柔相济、沉稳凝练；质地轻薄、色泽明亮的印花布与板式家具搭配，可充分调动线条、色块及几何图形的视觉感受；而现代家具的选择范围更广，真丝、金属光泽的布艺帘应是首选。

> **小贴士 Tips**
> 选择窗帘款式，不可进入"什么时尚就选什么"的误区，而应当依据装饰格调和家具的样式来确定合适的窗帘。

设计经验： 在选择窗帘的质地时，首先应考虑房间的功能。例如，浴室、厨房要选择实用性比较强且容易洗涤的布料；客厅、餐厅的窗帘可以选择华丽、图案新颖的面料；卧室的窗帘要求厚重、温馨；书房的窗帘则要求透光性好、明亮而淡雅。此外，窗帘布料的选择还取决于房间对光线的需求量，光线充足，可以选择薄纱、薄棉或丝质的布料；若光线过于充足，就应适当选择稍厚的羊毛混纺或织锦缎，以抵挡强光照射。夏季以质料轻薄、透明柔软的纱或绸为佳；冬天则宜选用质地厚实、机织细密的绒布，以增强冬季保暖作用。

7.3 桌旗

桌旗是摆放在桌子上的软装饰品，一般是织物。桌旗分为两种，一种是中式桌旗，另一种是欧式桌旗。桌旗这种形式源自中国传统陈设文化。

7.3.1　中式桌旗（见表7-7）

表7-7　中式桌旗常见式样及特点速查表

名称	特点与适配	外观
纯棉桌旗	图样丰富，形制多样，再搭配上风格一致的杯垫等饰品，可极大提升桌面的装饰格调。此外，因其吸水性好，也受到众多用户的青睐，适配于中式、新中式家居环境中	
真丝桌旗	真丝一般指蚕丝，按材质可分为桑蚕丝、柞蚕丝、蓖麻蚕丝、木薯蚕丝等。真丝被称为"纤维皇后"，手感柔软、滑爽、厚实、丰满，弹性优异。真丝桌旗古往今来备受青睐，适合配置于中式、新中式家居环境中	
粗麻桌旗	色泽质朴而素雅，是中式、新中式、田园式家居不错的选择	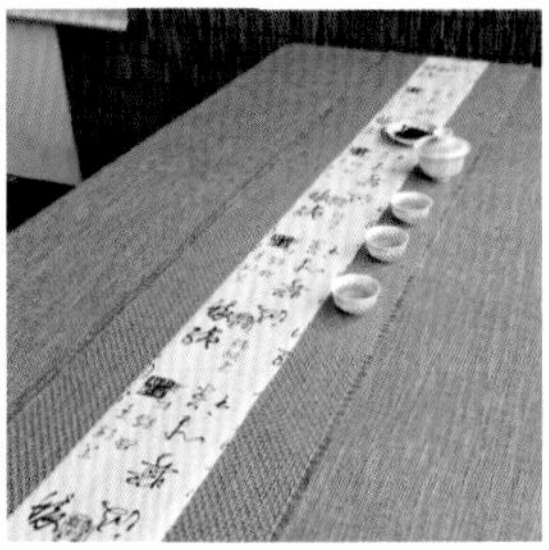

7.3.2　欧式桌旗（见表7-8）

表7-8　欧式桌旗常见式样及特点速查表

名称	特点与适配	外观
欧式桌旗	装饰图案与中式桌旗大相径庭，有其自身图样形式，色彩也转向温和，少有大红、大绿等饱和色的出现，旗身两端多设计流苏，可用于仿欧式、田园式家居及咖啡馆等装饰中	

搭配特点： 桌旗在传统的中式家居中应用较多，在韩国也有使用，主要功能是对餐桌、茶几等起到装饰作用，其色彩、款式、图案的选择，不仅要与餐具、餐桌椅的色调乃至家中的整体装饰风格相协调，还要起到提升美感和品味的作用。桌旗在当代家居环境中也是常见的美化环境的设计形式。

设计经验： 艳色的桌布适配相近色系的桌旗；淡色桌布搭配艳丽桌旗；暖色系桌布色彩浅淡，可搭配纯度高一些的蓝色桌旗；素雅桌旗可以调和桌几上的杂彩色，以免桌面的装饰色彩杂乱无章。

7.4　其他

窗头的遮幔和墙上的壁挂（壁毯、挂毯）同样是室内装饰布艺设计的重要组成部分，也是增添室内装饰美感的有效元素。

7.4.1　遮幔（见表7-9）

表7-9　遮幔常见式样及特点速查表

名称	特点与适配	外观
直悬窗幔	直悬窗幔是西洋产物，也叫绕杆幔或罗马幔，悬挂起来作遮挡过滤强光之用，由布、丝绸子等材料做成，为传统式窗饰不可或缺的组成部分。款式上有平铺、打折、水波、综合等式样，多用在传统欧式风格居室内，现在经过外观改进，也常用在现代风格的家居环境中	
弧形挂幔	这种幔首先需要安装在房挂之上，形成左右对称的弧形窗幔，而后再进行多层遮压，组成富有变化的窗幔，适配在一些有圆形拱窗的欧式古典风格家居空间内	
欧式床幔	欧式传统床头墙上的装饰布幔，有点像蚊帐，但是作用跟蚊帐不同。床幔没有蚊帐的防蚊功能，却可以起到阻挡床头风与装饰作用，多用在传统欧式风格居室内，现在经过某些外观改进，也常用在现代风格的家居环境中	

7.4.2　壁挂（见表7-10）

表7-10　壁挂常见式样及特点速查表

名称	特点与适配	外观
毛织壁挂	也叫壁毯、挂毯，最早是草原游牧民族所喜爱的墙上装饰品，后被欧洲人发展为更加丰富多彩的装饰形式。传统式的用纯羊毛织成，现在也用新型纺织材料做织毯，色彩艳、素都有，装饰效果非常突出，只要图案选择适宜，适合配置在任何装饰风格的家居空间、公共空间内	
棉织壁挂	现代壁挂的主要种类之一，根据棉线的粗细、色彩的艳素、质感的粗糙和光滑，可以编制出形态各异、大小不一的装饰品，有种意象性的美感，适配在现代风格公共空间或家居环境中	
刺绣壁挂	古代称为针绣，是用绣针引彩线，将设计的花纹在纺织品上刺绣运针，以绣迹构成花纹图案的一种工艺品，具有典雅、素净的美感，适配在中式、新中式家居空间或公共空间内	

　　搭配特点：遮幔、壁挂是体现现代装饰的造型、色彩，并与现代建筑室内空间紧密结合的一种艺术表现形式。现代壁挂艺术，以各种纤维为原料，采用传统的手工编织、刺绣、染色技术，来表达现代设计观念和思想情感。内容丰富、风格独特的现代壁挂作品，不仅可以烘托出人与建筑环境的和谐氛围，展现出扣人心弦的艺术魅力，而且以极富自然气息的材料肌理质感和手工韵味情调，唤起人们对自然的深厚情感，从而消除了现代生活中因为大量使用硬质材料制品所形成的单调感、冷漠感。

小贴士 Tips　遮幔、壁挂多用在室内空间相对较高大的房型中，不然可能会产生一定的压抑感和拥塞感。

　　设计经验：当窗帘没有"窗帘箱（盒）"，而客户又喜欢用"明杆"，而且想要有窗幔的装饰时，使用遮幔是不错的选择。需要注意的是，安装这样的窗幔会对窗帘的安装和使用有影响，纯粹做装饰的意义会优先于窗帘开合的需求功能。

摆件是室内环境装饰设计中的重要组成部分，其美化功能往往要优先于使用功能，只要配置得当便能够起到画龙点睛的作用。摆件的品类五花八门，归类起来大致有饰品、器皿、雕塑、绘画及其他几种类型。摆件数量不是多多益善，位置也不是随意设置，需要按照一定的审美形式、风格取向作为设计的主导。

8.1 饰品

饰品类型繁多，从材质上区分，常见的有木器、玉石饰品、金属饰品、竹器、漆器等；从外观上区分，主要有具象型、意象型、抽象型等形制类型。

8.1.1 木器（见表8-1）

表8-1　木器常见式样及特点速查表

名称	特点与适配	外观
木果盘	木果盘作为客房实用器具，已经有很悠久的历史。实木通过加工，外形变得美观而富有变化，除了常见的圆形外，还衍生出多种仿动物的果盘造型，多搭配在餐桌、咖啡桌等几案上	
木挂盘	木挂盘在做雕饰时，大多还会保留木纹的自然纹样，趋向返璞归真感。挂盘大多只做单面雕饰，背面以保留平整样式为主，多配置在室内需要装饰的墙壁上	
木桶器具	以美饰功能为主、实用功能为辅的木桶器具，大多器型独特、漆色美观、大小不一，大者如斗，小者似瓶，可设置在室内空间特定的补空处或陈设在橱架上	
木雕小摆件	木雕小摆件，例如如意、貔貅等，在中式、新中式家居环境中比较常见，这类摆件通常作为几案或博古架上的陈设，集祈福纳祥与装饰功能为一体，具有较强的观赏性	

8.1.2　玉石饰品（见表8-2）

表8-2　玉石饰品常见式样及特点速查表

名称	特点与适配	外观
玉盘	用玉料加工雕琢成圆形的装饰型挂件或摆件，质细而坚硬，有光泽，略透明，是中国人特别尊崇的室内装饰品，有呈祥辟邪的寓意，与中式家具搭配显得古拙而奢华	
玉盆	用玉料加工雕琢的一种饰品或礼器，内含古老的文化传承力量，玉质的细腻与高洁给盆器带来尊贵的气质，在中式室内装饰中可营造奢华的气息	
玉瓶	用玉料加工雕琢的一种饰品或礼器，注重原料美、质地美、颜色美、造型美，并给玉雕赋予精神力量和深厚的文化内涵，是中式室内装饰营造人文气息的常见饰件	
玉屏	用玉料加工雕饰成微型屏风状的摆件，再加刻上诗歌词赋等内容，既展现了书法的美感，又融合了文化的形象，显得十分高雅脱俗，是中式室内装饰小摆件的佳品	

8.1.3　金属饰品（见表8-3）

表8-3　金属饰品常见式样及特点速查表

名称	特点与适配	外观
青铜器	青铜器制作精美，是红铜与其他化学元素（例如锡、铅等）的合金，其铜锈呈青绿色，在世界青铜器中享有极高的声誉和艺术价值，器具有鼎、鬲、甗、瓿、簋等。青铜器被装置于现代室内空间，成为一种新时尚，它们的形制虽然古朴，但可与新中式乃至田园式风格的室内装饰构成和谐的陈设关系	

（续）

名称	特点与适配	外观
香炉	香炉是香道必备的器具，流行于东亚、南亚地区。香炉的材质主要有铜、金、银等，用途也有多种，或熏衣、或陈设、或敬神，形状上有方形和圆形之分，是东方式室内装饰常见的陈设品	
烛台	古人燃烛都有烛台，用以扦插蜡烛和承接滴淌的蜡油。简单点的，就是一个设有尖针的承盘；考究的，会铸造成各种工艺造型。烛台大小不一，小的可放置在几案桌上，上面有锻造，有雕镂，有彩绘，是一种集实用性、工艺性、观赏性、装饰性为一体的生活用具。其照明功能已经被淡化，但其装饰功能依然被看重	
仿真老式交通工具	曾经深入人心的交通工具，虽然因为功能老化，已经退出了历史舞台，但并没淡出人们的追念视野。仿真老式交通工具入驻当代家居环境，依然很受欢迎，在几案上或展示橱内陈列上诸如老爷车、蒸汽式火车头、滑翔机等，无疑既充满怀旧感，又带有很强烈的装饰感，其装饰形式与传统或现代家居环境都能够适配	

8.1.4　竹器（见表8-4）

表8-4　竹器常见式样及特点速查表

名称	特点与适配	外观
竹编工艺品	传统竹编工艺有着悠久的历史，竹编工艺品分为细丝工艺品和粗丝工艺品，常见的盒、篓、盘等生活用具多采用细丝工艺，现在这些用具被重新对待，除了依然保留实用功能外，还被赋予了新的装饰意味，将之配置于家居内，可为环境增添一层浓厚的怀旧气息	
竹编摆件	用竹篾编织的动物、人物、植物或花瓶等装饰摆件，具有独特的观赏价值，可独立摆放，也可与其他器具搭配在一起做装饰品，其深受欢迎，是现代家居常见的装饰物件	

（续）

名称	特点与适配	外观
竹刻摆件	利用竹根雕成人物或动植物形象，或在竹材、竹器上雕刻文字、图画等，制成观赏品或文房用具，这是中国特有的传统竹器制作形式，具有较高的艺术观赏价值	

8.1.5 漆器（见表8-5）

表8-5 漆器常见式样及特点速查表

名称	特点与适配	外观
漆具	中国古代特有的手工艺品，用漆涂在各种器物的表面上所制成的日常器具及工艺品、美术品等，有耐潮、耐高温、耐腐蚀等特殊功能，又可以配制出不同色漆，光彩照人，融艺术性与实用性于一体，多适配在中式、新中式家居环境中	
螺钿	中国古代特有的手工艺品，外观精美，漆色典雅，表面以贝类为辅材，对其进行打磨，美饰效果别具一格，是漆器中的上品，多适配在中式、新中式女性居室环境中	
百宝嵌	形似木盒，在螺钿镶嵌工艺的基础上，加入宝石、象牙、珊瑚以及玉石等材料，内藏宝石、珊瑚等宝物，外观精美，绘有磨漆画，图案会随着照射光线角度变化，发出不同的光彩，可适配在中式、新中式女性居室环境中	

8.1.6 陶器饰品（见表8-6）

表8-6 陶器饰品常见式样及特点速查表

名称	特点与适配	外观
唐三彩	中国古代陶瓷烧制工艺的珍品，全名唐代三彩釉陶器，是盛行于唐代的一种低温釉陶器。釉彩有黄、绿、白、褐、蓝、黑等色彩，以黄、绿、白三色为主。色艳而不俗，油而不腻，形制有俑、马、驼、瓶等，有很强的艺术性，是家居上等的装饰品	

搭配特点：饰品品类众多，做工精良，色彩丰富，体积相对较小，面饰各具特色，作为室内环境的装饰物，能够很好地增强视觉效果，产生以小见大、提升品质的装饰效果。不过设计前，首先需要充分考虑每种饰品的文化属性和风格调适因素，避免只从单纯的造型角度入手而忽视其他属性，出现不协调的配置设计。

设计经验：对饰品的配置，除了要充分考虑其与家具的搭配风格能够有协调性外，还要特别注意对饰品搭配量的把握，切不可认为多多益善，要善于运用好"以少胜多"的设计技巧，使得所装饰的空间始终保持"气息畅通"。

> **小贴士 Tips**
>
> 螺钿、百宝嵌类的漆器饰品通常是只为女性专门配用的饰件，比较私密，避讳设计在家居的共用空间内。

8.2 器皿

制作工艺良好的器皿，除了有实用性功能外，还具有很强的观赏性。从材质上区分，常见的有陶瓷器皿、玉器、玻璃器皿、金属器皿、新材料器皿等；从形制上看，主要有壶、瓶、盘、碗等。

8.2.1 陶瓷器皿（见表8-7）

表8-7 陶瓷器皿常见式样及特点速查表

名称	特点与适配	外观
陶壶	是指以陶泥制作而成的壶，中国有江苏宜兴紫砂陶、云南建水五彩陶、广西钦州坭兴陶、重庆荣昌安富陶四大名陶。陶壶既可作为沏茶品茗的理想容器，也可作为融艺术性、观赏性为一体的陈设品，多出现在现代家居环境中	
瓷瓶	瓷器是中国古代劳动人民的重要创造，是中华文明展示的瑰宝，千百年来，已成为中国的代名词。器型丰富多彩，瓷瓶是最常见的器型之一，其外观细腻，色彩华丽，图案丰富，工艺精湛，可适配于几乎所有风格的家居环境中	
艺术瓷盘	艺术瓷盘不同于日用餐具，其主要功能是装饰室内环境，可立可悬。随着陶瓷烧制工艺的发展，盘面绘制美术作品的瓷盘越来越多见，具有很高的观赏价值，可适配于几乎所有风格的家居环境中	

8.2.2　玉器（见表8-8）

表8-8　玉器常见式样及特点速查表

名称	特点与适配	外观
古玉礼器	古玉器是中华文明所独有的器物，用碾法制作的玉器均为古玉器，现已失传。古玉品质以礼器的规格为最高，有玉璧、玉琮、玉圭、玉璋等，色泽醇厚温婉，审美价值和收藏价值都很高，是家居环境摆件的珍品	
新玉雕件	用电动金刚工具等现代技术加工的玉器都称为新玉，新玉质地细腻、色泽湿润、莹和光洁、冬不冰手、夏无激感，有玉壶、玉瓶、玉碗、仿真动植物形态的玉雕等，造型极为丰富，是家居摆件的上等品	

8.2.3　玻璃器皿（见表8-9）

表8-9　玻璃器皿常见式样及特点速查表

名称	特点与适配	外观
古代玻璃器皿	中国发现最早的玻璃器皿始于春秋末、战国初。用玻璃仿玉、翡翠、玛瑙、珊瑚等材质制成的瓶、碗、鼻烟壶、鸟兽等，是中国古代玻璃制品的独有风格和形式，具有很高的艺术性和装饰性，是家居摆件的上等品	
现代玻璃器皿	现代玻璃器皿的品种越来越丰富，造型与装饰也越来越有特色，型、色、光泽都有新突破，可与现代风格家居布置中的几案、橱架等搭配，起到装饰作用	

8.2.4　金属器皿（见表8-10）

表8-10　金属器皿常见式样及特点速查表

名称	特点与适配	外观
铁壶	也称为铁瓶，是用来煎茶煮水的器皿，以生铁为原料，用传统铸造工艺，并通过后期的手工打磨而成型的茶壶，兼具养生、观赏和收藏价值。茶道从中国传入日本后，其也成为了日本的时尚，到了江户时代，茶友们将"茶釜"加上注水口和把手用来泡茶，铁壶随之诞生。不做沏茶用途时，可作为摆件装饰品	
铜壶	铜壶是铜制的器皿，既是酒器，也是盛水器，在汉代还作为计时量器。按材质不同，铜壶可分为紫铜壶、黄铜壶、白铜壶，其中紫铜壶质量最好，铜的含量更高、更纯，更易于保养；按工艺不同，铜壶可以分为手工铜壶和铸造铜壶。铜壶也可作为摆件装饰品	
锡壶	锡壶长久以来都是中华民族金属工艺的"骄子"，20世纪50年代以前，人们常使用锡制品，例如汤壶、酒壶、烧水壶等，后逐渐淡出了人们的视野。近年来，随着民间收藏的兴起，锡壶便成了古玩收藏界的"新秀"，其作为摆件的装饰功能被大大激活，受到古玩爱好者的追捧	

搭配特点： 器皿作为装饰物，除了有美化功能外，多数还有实用功能，其与家具的风格搭配关系密切。既美观又实用的壶、盆、盘等，多出现在茶几、餐桌、台案等处，可为主人招待客人"争面子"；瓶、礼器、唐三彩等摆件，则多数安置在装饰橱、博古架处供观赏，给家居润色添彩。

设计经验： 在选择同一空间内的器皿时，需要做到形制风格和材质类别相统一，器型大小和家具容量相一致，尤其要避免不同材质的器皿混搭在一起使用。

> **小贴士 Tips**　壶、盆、盘等器皿可与外观精致的软垫搭配在一起使用，这样更能衬托出器皿的贵重。

8.3　雕塑

　　雕塑又称雕刻，是雕、刻、塑三种制作方法的总称，它是用各种可塑材料，例如石膏、树脂、黏土等，或可雕、可刻、可铸的硬质材料，例如石料、木材、金属、玻璃钢等，创造出具有三维空间体积感的可视、可触的艺术形象。

8.3.1 石膏雕塑（见表8-11）

表8-11 石膏雕塑常见式样及特点速查表

名称	特点与适配	外观
人物塑像	石膏材质相较于石料重量较轻，制作也比较方便，质色细腻、洁白，可塑造出各种想要刻画的细节。人物塑像是由欧洲艺术家创造出来的一种雕塑形式，已有数百年的历史，一直以来都是欧式家居中增添人文气息的点缀品	
动物塑像	动物塑像的工艺制作方式与人物塑像类似。塑造精细、形象惟妙惟肖的动物，也是欧式家居中常配置的装饰品	

8.3.2 石雕（见表8-12）

表8-12 石雕常见式样及特点速查表

名称	特点与适配	外观
彩石雕件	彩石雕刻是利用天然石材特有的纹理、色彩、质感产生的对比来表现主题，彩石雕刻艺术通常属于写实创作范畴，特别能够展现彩石独特的魅力，有巧夺天工之妙。彩石雕件可根据雕刻题材适配在不同风格的装饰空间内	
汉白玉雕件	汉白玉是一种名贵的石材，它洁白清润，质地坚硬而细密，能够很好地展现精湛的雕刻工艺，古往今来重要的雕件常选用它来做原料。相比于石膏塑材，汉白玉材质坚实且更显尊贵，更能体现家居装饰物件的艺术品味	
大理石雕件	大理石表面与青石不同，带有黑色或白色花纹，在其剖面可以形成一幅天然的水墨山水画花纹。除了可做成常见的画屏外，现在也有艺术家把它设计成新式仿真雕刻，让人赏心悦目，可适配于现代、当代风格的家居环境中	

8.3.3 木雕（见表8-13）

表8-13　木雕常见式样及特点速查表

名称	特点与适配	外观
圆雕	圆雕又称立体雕，是指非压缩的，可以多方位、多角度欣赏的三维雕塑。它要求雕刻者从前、后、左、右、上、中、下全方位进行雕刻。圆雕常被称为"民间工艺"，是从木工中分离出来的一个"精细木工"工种，选用质地细密坚韧、不易变形的树种（例如楠木、紫檀、樟木、柏木、银杏、沉香、红木、龙眼等）作为雕材，雕品题材丰富、寓意美好、形象生动、刀法细腻，是中式、新中式家居风格美化环境的适配品	
根雕	根雕又被称为"根的艺术"或"根艺"，有的根雕还涂色施彩用以保护木质和美化，通过构思立意、艺术加工及工艺处理，创作出人物、动物、器物等艺术形象。根雕可独立放置，也可与花盆等搭配摆放，是中式、新中式、田园式的家居风格美化环境的适配品	

8.3.4 金属雕塑（见表8-14）

表8-14　金属雕塑常见式样及特点速查表

名称	特点与适配	外观
铜雕	铜雕产生于商周时期，是以铜料为胚，运用雕刻、铸塑等手法制作的一种雕塑，材质坚韧、色泽沉稳、气息庄重，能够充分展现出造型、质感、纹饰的美，多用于表现神秘有威慑力的宗教题材，可适配于多种家居风格环境中	
不锈钢雕件	不锈钢是不锈耐酸钢的简称，耐空气、蒸汽、水气等弱腐蚀介质，具有坚韧、细质、高光亮度的材质特点，所铸造的雕件既显得稳重，又有很强的时代气息，可与现代、后现代的家居风格搭配	

8.3.5　玻璃钢塑件（见表8-15）

表8-15　玻璃钢塑件常见式样及特点速查表

名称	特点与适配	外观
玻璃钢塑件	也称为纤维强化塑料雕塑，质轻而硬，不导电，耐腐蚀，成本相对较低，是雕塑的一种成品类型，经过加工处理，外观可仿铜、铝、木、不锈钢等材质，是当代新工业技术进步的产物，其塑件可根据需要配置在任何风格的家居环境中	

搭配特点：雕塑已经不是奢侈品了，现如今寻常百姓家居中也常见其身影。石膏材质的塑像，由于易碎的缘故，通常设置在橱、柜的较高处，以防被撞坏；石材、金属的雕塑质地坚硬，最好避免设置在人员活动的中央空间处，以防伤人；木质浮雕通常与整个壁饰连接在一起统一设计，而根雕则往往与绿植盆栽搭配在一起。

设计经验：传统写实性的雕塑作品不宜与现代性表现手法特征明显的雕塑作品同处一室；东方题材的雕塑作品不宜与西方题材的雕塑作品同处一室；在同一空间内，根雕与写实性的人体雕塑不做搭配。

> **小贴士 Tips**
>
> 在较小的空间内，不适合设置大件的雕塑作品；在大空间内，不宜设置过多的雕塑作品，以免空间出现淤塞感。

8.4　绘画

绘画从画种上区分，主要有国画、油画、漆画、装饰画等；从表现形式上看，大致有写意、工笔、兼工带写、具象、印象、意象、抽象等分类。用绘画作品来美化空间，无疑是为营造该空间最吸引人眼球的区域而布局，也是为提升整个空间品味而设计。

8.4.1　国画（见表8-16）

表8-16　国画常见式样及特点速查表

名称	特点与适配	外观
山水画	国画三大传统绘画题材之一，其表现形式有青绿山水与写意山水之别，笔墨丰满，画意深远，韵味浓厚，气质脱俗，蕴含东方美学思想，适用于东方式家居环境	
花鸟画	国画三大传统绘画题材之一，其表现形式分工笔、写意与兼工带写三种，取法自然，用色素雅，形神兼备，意趣清逸，蕴含东方美学思想，适用于东方式家居环境	

（续）

名称	特点与适配	外观
人物画	国画三大传统绘画题材之一，其表现形式分工笔、写意与兼工带写三种，造型多俊逸，墨色多丰润，画面多禅意；随着时代发展，其画面构成和用墨用色已经发生很大变化，时代特征明显，适用于东方式家居环境	
现代水墨画	现代水墨画是以改变传统技法为起点，它在技法语言上已经有了多方面的突破，弱化笔法，强化墨法，融合墨彩技法，面貌别具一格，不失为诠释东方精神的新品，适用于东方式家居环境	

8.4.2 油画（见表8-17）

表8-17 油画常见式样及特点速查表

名称	特点与适配	外观
风景画	欧洲传统绘画三大题材之一，用油画颜料在画布上完成形象的刻画与塑造，表现手法有写实与非写实之分，主要风格有具象、印象、意象、抽象等，不受习俗、宗教、政治等因素的影响，适用于欧式、田园、现代等风格家居以及休闲环境	

（续）

名称	特点与适配	外观
人物画	欧洲传统绘画三大题材之一，绘画材料、表现手法、主要风格与风景画相同，所刻画的人物形象，无论是逼真型的，还是意象型的，都有很好的视觉效果。但人物画受习俗、宗教、政治等因素影响较大，不适宜不加选择地配置在公共环境中	
静物画	欧洲传统绘画三大题材之一，绘画材料、表现手法、主要风格与风景画相同。静物画基本上不受习俗、宗教、政治等因素的影响，可作为欧式、田园、现代等风格家居及餐饮、休闲环境的艺术品配置	
抽象绘画	20世纪初出现在欧洲的绘画形式，后风靡世界。这一绘画形式无论在表现意图、绘画题材方面，还是作画方式、画面构成方面，都与欧洲传统绘画大相径庭。从公共空间布置或家居环境设计来说，抽象绘画有着惊人的装饰效果，可适配在现代、后现代室内空间环境中	

8.4.3 漆画（见表8-18）

表8-18　漆画常见式样及特点速查表

名称	特点与适配	外观
天然漆绘画	传统绘画的一种，以天然大漆为主要绘画材料，并施以金、银、铅、锡以及蛋壳、贝壳、石片、木片等辅材。漆画的颜色沉稳，光泽漂亮，色层的肌理丰富，是融艺术性和工艺性为一体的表现形式，深受大众欢迎；可根据画面内容选择，自由地配置在传统或当代风格的空间环境中	

8.4.4　装饰画（见表8-19）

表8-19　装饰画常见式样及特点速查表

名称	特点与适配	外观
墙贴画	先通过计算机作图，再由机器喷绘雕画，用不同颜色的墨水喷画组合成图案。它是现代工业的一种体现，通过机器提高了生产效率，可拷贝喷绘，艺术价值略逊。该形式可适配于不避讳装饰风格与他人雷同的家居环境中	
拼贴画	拼贴画又名剪贴画，它是以各种材料拼贴而成的装饰艺术。拼贴画被称为"20世纪最富灵性和活力的艺术形式之一"。中国的拼贴画有贝壳贴画、羽毛贴画、树皮贴画、麦秆贴画等，这些拼贴画充分发挥了各种材料的色泽和纹理等特性，具有民族特色和装饰美感	
黑白画	黑白画是无彩色绘画形式的总称，包括黑白版画、钢笔画等画种，表现力较强，人物、风景、静物一应俱全。通常画幅尺寸不大，画面装饰感比较强，美化环境效果出色，适宜在书房、居室等中小空间内悬挂	
粉彩画	西洋画中除油画之外的中小尺幅的绘画形式的总称，水彩、色粉、丙烯、彩印版画等，都属于粉彩画的近亲。画面装饰感较强，美化环境效果出色，适宜在家居中小空间内悬挂	
仿真印刷品	一种较为经济实惠的室内环境美化装饰方式，即购回以名画为版本翻印的美术作品，再把该仿真印刷品予以装框配饰，达到"以假乱真"的效果。这种配饰方式适合设计在用户对原创作品没有特别要求的环境中	

搭配特点： 国画主要配置在中式、新中式、日式、田园式等风格的室内环境中，传统油画类作品适宜配置在古典、新古典、美式乡村等风格的室内环境中，现代风格的绘画则适宜装配在简约风格的环境中，漆画比较适宜配置在具有民族风情的空间环境中，装饰画则可根据其表现形式和绘画内容适配在各种风格的空间内。

设计经验： 传统绘画类型的画作不宜与当代性风貌特征表现明显的画作配置在同一空间内；同一空间不能四壁都配置上美术作品，要有一定的留空，以免造成过度的视觉压迫；室内空间较小时，不宜配置大尺寸的绘画作品。

> **小贴士 Tips**
> 绘画作品需要装配制作工艺良好的外框，且框色外形和图案风格必须与画面气质形成统一的格调，壁画和拼贴画等也需要配置固定的装饰外框，以进一步提升画面美感。

8.5 其他

刺绣、书法作品在传统风格的室内装饰设计中占有一席之地，而装置作品和影像作品入室则较为少见，但二者都非常契合现当代风格的空间装饰气息，其发展潜力不容小觑。

8.5.1 刺绣（见表8-20）

表8-20 刺绣常见式样及特点速查表

名称	特点与适配	外观
绢绣	在绢上用各种线料通过特制的细针织出各种图案的中国传统手工工艺，图案工整娟秀，色彩清新高雅，针法丰富多变，形成特殊的针织质感，装配在画框内，具有浓厚的艺术感染力，多适配在中式、新中式空间环境中	
绒绣	新兴的中国工艺美术品之一，由西方传入，用彩色羊毛绒线在特制的网眼麻布上绣制出的一种工艺美术品，以色彩丰富、配色和谐、绣工精良、层次清晰、造型生动、形象逼真而受到大众欢迎，可适配在传统风格的家居环境中	

8.5.2 书法作品（见表8-21）

汉字书法艺术由古老的甲骨文这一象形文字演变而来，后来发展出了篆、隶、楷、草四种书法字体。

表8-21　书法作品常见式样及特点速查表

名称	特点与适配	外观
大字	字形大而字数少，作为现代室内装饰设计形式，具有很强的装饰韵味，适宜配置在豪放型的中式、新中式风格家居中	
小字	字形小而字数多的书法作品，如小楷书、小行草等，由于需要近距离观赏才能看清内容，这就需要装裱成挂轴，或用绫边托裱装入镜框内陈列，才能充分展示出它的高雅气质；小字书法作品较适宜配置在清雅型的中式、新中式风格的家居中	

8.5.3　装置艺术品（见表8-22）

表8-22　装置艺术品常见式样及特点速查表

名称	特点与适配	外观
软质材料组合	用软质材料组合成的装置艺术品，是现代室内空间常见的装饰形式。具体做法是把人们日常生活中已消费或未消费过的软性物质加以重新选择利用，并注入审美属性，构成另类的美术作品形态，从而给室内空间带来新的审美趣味。这种装饰形式正逐渐受到年轻人的关注与喜爱	
硬质材料组合	由硬质材料做成的装置艺术品，也是现代室内空间常见的装饰形式。这些硬质材料可以是金属，也可以是木材、陶瓷、泥板等，同样不避讳材料的废物再利用。只要能成为可以感染人、具有审美趣味的作品，就是成功的创作。这种装饰形式比较适合设计在现代、后现代风格的空间内	

8.5.4 影像作品（见表8-23）

表8-23 影像作品常见式样及特点速查表

名称	特点与适配	外观
艺术照	用放大的艺术照做室内空间装饰，是近年时有所见的设计方式，尤其常见于年轻人的居室内。其独特的景观、个人肖像照与简约的装饰框装配在一起，特别能够显示出年轻生命脉动的气息	
光效应	也称为光学艺术，是20世纪60年代流行于欧美的一种利用光学效应加强绘画效果的抽象艺术，可用绘画形式展现，也可以灯光照明方式呈现，目的是通过各种不同的纹样和色彩，利用观众的视觉变化造成一种幻觉效果。当这种形式被设计在室内空间时，会形成一种极为独特的视觉感受，亦幻亦真，动感强烈，深受年轻人喜爱，适配在现代风格空间内	

搭配特点：刺绣作为室内装饰品，大多设计在传统中式或古典风格的空间内，显得沉稳庄重，现已不常见；装置、影像属于比较另类的室内装饰，空间构成不拘一格，而且要与现代或现代式样的家具搭配，这样才能构成统一的装饰风格。

设计经验：软质材料的装置饰品与原木的家具搭配，会更显材质有对比联动调和之美，硬质材料的装置饰品与软质的布艺家具搭配，也会更显刚柔相济之美。光效应的设计要尽量选择细致的纹样来做构成，以免给身处其间的人造成眩晕感。

小贴士 Tips

小尺寸的影像作品可以通过多帧组合设计出别具一格的造型，来传达主人的审美取向及其审美趣味。

绿植装置在室内装饰设计中对美化环境、净化室内空气、提升装饰品味起着十分有效的作用，已经越来越受到设计师和业主的重视。通常这类装饰布置有如下几种方式。

点式布置：具有增加室内层次感，以及点缀空间的作用，依照绿化本身的特征进行布置。

线式布置：可以是直线，也可以是曲线。线式布置的主要作用为组织室内空间，并且对空间有提示和指向作用。

面式布置：给人以大面积的整体视觉效果，常对内厅以及大面积的空间产生视觉延伸作用。

立体式布置：这种布置形式配合山石、水景等，可创造出一种大自然的形态，多用于宾馆和大型公共建筑的共享空间。

9.1 插花

插花是室内软装常见设计之一，属点式布置或线式布置的设计形式，也称插花艺术。插花是将花插在瓶、盆、盘、篮等容器里，所插的花材不带根，只是植物体上的一部分，设计出各种美观的造型，借此表达一种主题，传递一种感情和情趣。

9.1.1 台式插花（见表9-1）

表9-1 台式插花常见式样及特点速查表

名称	特点与适配	外观
瓶花	最为常见，方法简单，使用造型美观的花瓶作为器皿进行插花的一种方式。一般口径小的花瓶适合插一些草本花卉，口径较大的则适合插木本花卉。瓶花适合装置在家庭、宾馆客房、小办公室等空间的台案上	
盆花	常见的一种方式，一般分为三种造型：半圆形盆花适合花朵较小的花卉；不对称形盆花主要面向较大花型的花卉；自然形盆花适用于花型自然弯曲的花卉。所选盆器大多要造型简洁、色彩单纯，以免喧宾夺主。盆花适合装置在家庭、宾馆客房、小办公室等空间的几案上	

（续）

名称	特点与适配	外观
盘花	常见的一种方式，在花盘里放上插花的辅助软性材料，然后选择花型合适的花卉固定在软性材料上，合成出灵动的形态。盘花适合装置在家庭、小会议室、小办公室等空间的台案上	
花篮	常见的一种方式。在花篮里置入装水的容器，然后选择外观适配的花卉，层次分明、充满生机。花篮的装配主要有圆形、L形、自然形等若干形态，适合作为家庭美化点缀品，在办公室、会议室、宾馆等公共空间作为植物的点缀色更出彩	

9.1.2　柱式插花（见表9-2）

表9-2　柱式插花常见式样及特点速查表

名称	特点与适配	外观
器饰式插花	传统欧式景观插花装饰形式之一，体积较大，身形娇美，结合较大器具或雕瓶锦上添花，强调几何形态的美感，把绿植和花卉设计得花繁叶茂、色浓彩艳，富有艺术性。此类插花多设计在面积大而欧风浓的空间内	
挂件式插花	将绿植或花卉插放在事先准备好的木制、藤制或其他材料制成的挂件上，主要是为悬立面做装饰。若与框形挂件搭配，会更显温馨感、层次感和艺术性。此类插花多设计在面积相对较大的空间内	

装置特点： 插花作为室内装饰形式十分受欢迎，在当代家居或公共空间内很常见，它结合了绘画和雕塑的部分特征，综合体现出构图的和谐、结构的平衡、颜色的搭配、自然的提炼等多方面美感，还对作品的构思和思想提出一定要求。一般插花有东方式与西方式的形态区别，东方式插花追求空灵的感觉，西方式插花讲求丰富的层次。

设计经验： 室内花艺设计并不是用植物鲜花材料进行简单堆砌，而是在满足植物生态习性的基础上，充分发挥美学艺术。这就要求特别注意外形设计上要比例适度、中心突出，摆放时要求位置合适、整体和谐，同时，如若还能体现独特的个性，更可提升环境的审美品质。

> **小贴士 Tips**
>
> 在夏季，气温和色温偏高，可适当配置色彩较浓艳、对比较强烈的花型花色做室内点缀；在冬季，气温和色温均偏低，则较适宜配置色彩较素雅、对比较柔和的花卉做装饰。

9.2 盆景

盆景源于中国，由景、盆、几（架）三个要素组成，属点式布置和面式布置的结合体，是以植物和山石为基本材料在盆内表现自然景观的艺术形式，可达到缩地成寸、小中见大的艺术效果，是室内软装常见设计之一。

9.2.1 树桩盆景（见表9-3）

表9-3　树桩盆景常见式样及特点速查表

名称	特点与适配	外观
松柏式盆景	以小松或柏为主要材料，植入盆内，再搭配上山石、人物、鸟兽作为小配件，通过攀扎、修剪等技术造型，表现出森林幽碧的景象，适配在古风浓厚的中式室内环境中	
杂木式盆景	杂木通常选用常绿的黄杨、紫檀、榕树等和落叶类的榆树、红枫、榉树等，造型古朴老辣，姿态多变，有清远静谧之感，适配在中式室内环境中	

9.2.2　山水盆景（见表9-4）

表9-4　山水盆景常见式样及特点速查表

名称	特点与适配	外观
山川式盆景	以山石为主要材料，根据大自然的山水造景，经过切割、拼接等技术，搭配简单的花草，营造出悬崖峭壁、险峰丘壑等各种险峻的山水景象，引水入盆，溪流瀑布，宛若胜景。这种盆景适配在清气交融的中式室内环境中	
水旱式盆景	盆中完全无水，看起来却烟波浩渺、水韵扑面，水面上土石相接、群峦绵延、植被葱茏，或草原林木或沙丘绿洲，景色宜人。这类旱式盆景，水是以白色细石或白沙替代而成，充满意趣，适配在淡雅清新的中式室内环境中	

9.2.3　花草盆景（见表9-5）

表9-5　花草盆景常见式样及特点速查表

名称	特点与适配	外观
花果型盆景	以木本的花卉或果木为盆景材料，经过一定的修饰加工，适当配置山石和点缀配件，在盆中表现自然界优美的花果景致，俨然缩小的花圃果园入室，怡情悦目，适配在恬静悠闲的室内环境中	
芳草型盆景	把姿态优美、花叶独特的草本植物栽培到盆中，使其姿态能表现出自然之美的特性，适配在淡雅韵致的室内环境中	

9.2.4　微型盆景（见表9-6）

表9-6　微型盆景常见式样及特点速查表

名称	特点与适配	外观
树石花草型盆景	以花草为主，缀以山石等小件配置而成，多采用石菖蒲、文竹、虎耳草、吊兰、万年青、芦苇等以及其他闲花野草，是其他类型盆景的微缩版。一般宽高尺寸在10cm左右，可做多件盆景搭配，玲珑生趣，多适配在怀旧追古的室内环境中	

9.2.5 挂壁盆景（见表9-7）

表9-7 挂壁盆景常见式样及特点速查表

名称	特点与适配	外观
花木型盆景	花木型盆景多选择能横向生长的植物，壁挂面积可大可小，多适配在当代装饰气息较浓厚、东方式的室内环境中	
山石型盆景	山石型盆景多以浮雕或半浮雕方式与绿植结合，美化气息浓郁，多适配在当代装饰气息较浓厚、东方式的室内环境中	

9.2.6 异型盆景（见表9-8）

表9-8 异型盆景常见式样及特点速查表

名称	特点与适配	外观
异型绿植组合盆景	将植物种在特殊的器皿里，并进行精心养护和造型加工，做成一种别有情趣的盆景，使人产生新奇的联想，多设计在业主有某种较强烈审美取向的空间内	
仿真绿植组合盆景	由于绿植花卉养护比较困难，市场上开始出现用新型材料做的仿真盆景，外观上绿植花卉十分逼真，造型美观，风格多样，受到市场欢迎，多适配在公共空间的室内环境中	

装置特点： 装饰盆栽是室内植物装饰中最普遍、最常见的形式，常用草本或灌木单株栽培，单盆可布置在角隅、沙发旁地面或摆放在花架、书橱、多用柜、茶几、案头柜等上面，展现植物的个体美。高大宽敞的室内空间可选用大型盆栽植物，或用组合式几架配置，并对盆栽植物进行造型整姿，使之更加赏心悦目。

设计经验：树桩盆景有大、中、小和微型之分，应根据盆景造型，配以形状、质地、高低、大小、颜色相适应的花架。例如悬岩式盆景宜选用高脚的花架,陈设在平视线以上，使观赏者仰视欣赏，给人一种如绿色瀑布直泻而下的感觉；微型盆景宜陈设于案几、台面，并低于视平线。多盆盆景的陈设切忌堆砌，应高低错落，盆景之间还应有一定距离。在宽敞厅堂及近墙角隅等处陈设盆景，应采用前低后高，以显出不同的层次。采用盆栽时，在植物品种的选择上既要多样化，又要相互协调。

<table>
<tr><td>小贴士 Tips</td><td>以浅色作盆景的背景，可烘托出盆景的优美造型和深远意境,浅灰或淡黄色背景则颇显诗意。切忌用字画作盆景的背景，这样反显杂乱，整体美感容易被破坏。</td></tr>
</table>

9.3　造景

将自然景观和人工造景进行组合，这种设计称为室内造景，属立体式布置的设计形式，可在室内形成特定的景观。室内造景的出现和迅速发展，是人们生活水平提升和现代装饰形式拓展化的缩影，人们寻求足不出户就有回归大自然的视觉感受，同时室内造景也柔化了建筑体的生硬感。

9.3.1　水局组景（见表9-9）

表9-9　水局组景常见式样及特点速查表

名称	特点与适配	外观
水草景观	用特定的泥土和胶水，在大小不一的鱼缸中植出一方园林，配合水草灯、过滤器和二氧化碳管，形成缸内循环，造出另一种"自然"，让人赏心悦目，这样的造景形式多适配在空间相对较大的室内环境中	
水石景观	用美观的鹅卵石、彩石等与一些绿植合为造景的原料，结合引水入室的方法，设计出自然景观入室的效果，营造氛围，供人赏玩，这样的造景形式多适配在大空间的室内环境中	

9.3.2　筑山石景（见表9-10）

表9-10　筑山石景常见式样及特点速查表

名称	特点与适配	外观
山石景观	近似被放大了的山石盆景，用特制的泥土和胶水，在室内垒砌出自然界的山石奇观，结合绿植搭配，加上照明"润色"，营造出宜人的自然景观，让人产生身临其境之感，这样的造景形式多适配在空间相对较大的室内环境中	

9.3.3　亭阁组景（见表9-11）

表9-11　亭阁组景常见式样及特点速查表

名称	特点与适配	外观
亭阁景观	俗称"楼中楼"，在大空间内做仿古建的风貌进行装饰，多半以亭子或楼阁局部做范本，进行比例上的缩小调整，俨然时空上的穿越，这样的造景形式多适配在空间巨大的室内环境中	

9.3.4　日式枯山水（见表9-12）

表9-12　日式枯山水常见式样及特点速查表

名称	特点与适配	外观
禅意造景	日本禅意枯山水造景在东方独树一帜。受中国文化影响，日式室内装饰传承了中国儒释道的混合文化精神，崇尚自然、简朴、宁静、清幽的知觉感受，使得造景也是以写意为主，以小见大，特别是布水实际上是不用真的水流做景，取而代之的是以白沙细石营造水趣，令人浮想联翩，这样的造景形式多适配在日式风格的室内环境中	

装置特点： 利用绿植对室内再造景，可改善室内空气质量，调和室内环境色，限定与疏导空间的分隔，突出空间的主体，抒发观者的情怀，营造整体的清新气氛。在现代社会里，人们的物质生活水平得到不断提高，而在心灵与精神上，却日渐缺少宁静与和谐，利用植物装饰房间是室内装饰设计中的重要手法。

设计经验： 室内造景设计得好，可锦上添花；作为室内设计元素的一部分，其占用面积不宜过大，通常要控制在三分之一以下，设计的装饰风格要以整个空间的格调为基准，不可特立独行，所构筑的色调也要与整体环境色形成调和的关系，不宜自成一格；绿植的设计高度要有一定的层次联系，不宜高低错落过于悬殊。

小贴士 Tips：由于室内绿植养护比较困难，难以保证四季常绿，因此部分植物可以人造绿植为替代品加以巧妙设计，这样可减轻日常植物养护的压力。

Section 3

第三篇

风格搭配

    上一篇阐述了七大元素的特点与运用，为了学习在实际操作中运用不同的元素，积累更多实战经验，本篇分风格阐述各种元素在不同项目中的运用以及搭配技巧。风格是艺术概念的体现，是艺术作品在整体上所呈现出来的具有典型特征的面貌。它往往受到时代、民族、社会、地域、文化及其内在因素的影响，反映了一个地区的整体审美面貌。不同人群由于生活经历、文化背景、社会形态的不同而产生风格不一的审美喜好。本篇要探讨的内容，正是如何利用七大元素进行搭配，迎合不同性格喜好的人群，从而达到事半功倍的效果，并结合项目特点来设定特定主题的故事主线。

Chapter 10 / 第十章
新中式风格

图 10-1

10.1 新中式风格的概念

　　新中式风格（见图10-1~图10-3）是新生代的设计师在对中国传统文化深刻理解的基础上，进行简化和改良的同时，融入现代设计风格而创造出的一种新形式的中国风格。它汲取了中国传统风格的精华，也满足了现代人的使用功能需求和生活习惯，同时规避了传统中式风格资源稀缺的不足，剔除了传统中式风格空间布局中的等级、尊卑等封建思想。在设计风格上，新中式风格延续了明清时期家居配饰的理念，将其经典元素加以简化。家具简单清秀，空间配色自然雅致。新中式风格是传统艺术在当今社会的充分体现，也是国力富强后，人们对本土文化重新认识的体现。

图 10-2

图 10-3

10.2　新中式风格的特征

新中式风格以中国传统文化为依托，讲究对称式布局、阴阳平衡的概念和室内空间的和谐，在装饰细节上崇尚自然浪漫，大多选用山水花鸟等装饰纹样作为点缀，充分体现出中国传统美学精神。同时，它以新时代的功能需求为目标，克服了明清家具线条过分横平竖直、使用不舒适等缺陷。通过融入现代人体工学设计，使设计更人性化，类似沙发的坐具增添了偏软的填充物，不仅大大增加了家具的舒适度，而且更符合现代人的使用习惯。

新中式风格讲究空间的多层次考量——背有靠山，前有舒展，遮而不挡，在需要隔绝视线的地方加以窗棂、屏风的遮挡，形成空间的层次感。大而不空、厚而不重，有格调又不显压抑是新中式风格的特点。除此之外，中式搭配中造景也极为重要。造景不仅使现代空间增加了中式元素的点缀，更使整体空间增添了趣味性。"曲径通幽处，禅房花木深"，说的正是移步换景。

东方华夏文化源远流长、博大精深，这种东方美学受到了西方人的广泛青睐，他们运用西方审美对部分家具加以改良与再造，形成了一种备受喜爱的新时尚。

1.装饰造型

在现代人们快节奏的生活方式、崇尚简单事物的思维以及全球化的影响下，新中式风格的装饰顺应时代快速发展，多采用简洁干练的装饰线条，融入大量的现代设计，却又不失柔和之美，体现了含蓄内敛、质朴的中国风格气质美学，并通过加入舒适化细节，使新中式装饰更具实用性。

2.装饰色彩

新中式风格的色彩深受皇家住宅影响，因此多以深色为主调，红色、黄色、蓝色、绿色等作为局部色彩点缀，彰显尊贵华丽。此外，南方受江南文化影响，多以苏州园林和徽派的清雅黑白灰色为基调，再加以淡雅的绿色、蓝色、木色等自然色进行点缀。

3.装饰材料

新中式风格多采用绸缎、缂丝、纱布、棉麻、木、藤、青石板等材料以及刺绣、编织等方式来营造温润的气质。

4.家具、灯具

新中式的家具搭配多种多样，但其款式较多选用中国明清家具式样，尤其是线条简练的明式家具。局部选用舒适度较高的现代家具与古典家具进行混合搭配，来弥补中式家具在舒适度上的不足，提高空间的品质感。

新中式的灯具大多采用铜质、木质、布艺材料，造型上通常采用对称式结构，色彩比较鲜明和清新，在光线上以柔和色调为主，给人一种视觉上的享受。家具上的装饰通常采用玉石、彩绘、螺钿、木雕、掐丝珐琅等，从而彰显出新中式灯具的古朴和精致。

5.配饰器具

新中式风格的配饰器具多选用屏风、中式窗花、瓷器、陶艺、字画、布艺、地毯、盆景以及具有一定中国文化内涵的古典物品等。在当下，多数饰品与当代艺术形式或西方艺术语言相融合，增添了新中式风格的趣味性。

10.3 新中式风格元素列举（见图10-4和图10-5）

图 10-4

图 10-5

10.4　案例分析

设计：上海尔木空间设计咨询有限公司

本案例是一个企业办公空间的设计项目。室内设计将空间基调设为灰色弱对比，局部加以重色点缀，简洁雅致、彰显细节，既满足了办公空间的实用性，又满足了对传统文化的追求。入口处的大型装饰画采用明亮的蓝色，给进入这一空间的人强烈的视觉冲击力，同时又不失雅致内敛。

入口处的山水画通过综合绘画的手法和平面的表现手法来体现传统文化精髓，并与现代环境更好地融合起来（见图10-6）。

会客区选用了一张大尺度的桌子，兼顾会客和会议的功能。隔断柔化了空间硬度，白瓷则呼应了同色系的白色空间，使得整个布局有序而不杂乱（见图10-7）。

图 10-6

图 10-7

桌子中间采用古代书房设计手法，放置了文房四宝。而桌尾的花运用亮丽色彩来充实空间的布局，融入了中华文化的雅韵（见图10-8和图10-9）。

图 10-8

图 10-9

桌面物品的摆放除了要注重美观性外，还要兼顾实用性。这里作为一个会客、会议的空间，需要放置点心盒、茶叶罐、纸巾盒、文房四宝等物品以服务来访者（见图10-10）。

图 10-10

图 10-11

图 10-12

墙面选用了丝绢材质的花鸟图，在装裱时却选择了现代方法。花鸟图不仅需要适合茶室题材，而且安静空间的配画，应该选取同一色相中相对亮丽的颜色，幅面需要根据墙面的装饰，尽量避免破坏分割形式（见图10-11）。

青蓝色的运用在新中式设计中往往比较讨巧，因为这种柔和的色彩会给人带来更舒适的感受，在局部上可以用植物点缀一些亮色（见图10-12和图10-13）。

茶桌布置忌讳堆砌手法，要高低错落。一些小摆件的运用可以增添新中式的灵动性，并达到画龙点睛的效果（见图10-14）。

图 10-13

图 10-14

10.5 设计心语

大学教授： 设计要因地制宜、因人而异，充分考虑地域文化特色。注意地域文化的差别，从而甄选出更具本土特色的典型中式元素。在设计中，南方多以山水竹木为代表，北方则可以皇家住宅为参考，西部色彩浓艳，东部清新淡雅。

建筑师： 不能一味运用古典元素堆砌，要尊重自然的本质。去除奢华繁琐的装饰，重视精神的提炼，来体现中式风格的核心内涵。大体量的物品在选择上多采用现代款式，小物品选择原汁原味的中国元素，这样的搭配不会过于夸张，又不失韵味。另外还要讲究细节修饰，用细节来体现儒雅的气质。内秀、不过多彰显是东方美学的极简主义理念。

艺术家： 要对色彩通盘考量，传统的中国家具颜色比较深沉，色彩偏向明艳，因此在实际使用中，要适当降低饱和度，以符合现代人雅致的审美需求。如果要表现禅意中式，则可选用淡雅的色彩，例如米白、青绿、水兰，配合一些质朴的材料，例如棉麻、缂丝、毛石、陶器等；若想表现华丽气质，可以采用黄色、红色、紫色、绿色等宫廷色彩，并配合真丝、绸缎、刺绣、玉石、瓷器等材质使用。

景观设计师： 要懂得如何布景、造景，例如苏州园林移步换景、虚实有秩。在造景中，用一些器皿、桩石前后高低错落布置，会有意想不到的效果，而假山石、盆景等可以作为辅助来增添室内的活力。在使用中式元素前，一定要做深刻的研究，了解其时代背景与用法，以免错用功能而贻笑大方。

思考题

1. 新中式风格与传统中式风格相比，对空间做了哪些改良？

2. 用新中式风格设计一个企业会所空间的软装搭配。项目所在地：苏州；项目面积：200m²；功能分区：接待区、会议区、办公区、领导办公区。

Chapter 11 / 第十一章
日式风格

日式风格（见图11-1~图11-3）又称为和式风格，它起源于中国唐朝。当鉴真大师东渡日本时，将唐朝盛行的诸如服饰、文字、饮食、宗教、建筑等文化传入日本。日式的禅意正是继承了这部分特点，因此其建筑崇尚自然色彩和质朴材质，多以木质结构为建筑主体。由于日本居住密度较高、资源有限，因此日式的室内布局一般比较紧凑，多以竹子、草席等作为装饰材料来营造自然、宁静、引人思索的氛围，室内环境具有禅意、简约、安静的特点。

图 11-1

图 11-2

图 11-3

11.2　日式风格的特征

日式风格受禅宗影响，主张营造让人倍感宁静的空间环境，多采用自然质朴的材质来装点空间。造型简练精巧，强调几何立体形态，布局紧凑而实用。传统的日式风格与初唐时期的中国文化具有不可分割的关系。那时盛行席地而坐，因此一些传统的日式空间还会采用榻榻米作为起居室、卧室空间形式。另外移门、藤编、硅藻泥、原木板、格窗等元素也是日式风格的典型特征。随着世界建筑文化的飞速发展，日式风格引进了西方建筑学和先进的工艺技术，更加讲求空间尺度的精准、人体工程学和细节的考究，使得整体设计更为合理。日式风格若能够和精巧细腻的日式造景相结合，则能使室内外融会贯通，达到意想不到的效果。

1.装饰造型

日式风格不推崇奢华，在空间造型上多采用简洁硬朗的线条和体块，在修饰空间时一般不会考虑过多的修饰手法。无论是传统的日式风格还是现代的日式风格，都提倡素雅的装饰质感，注重空间的居住体验和功能的完善和合理，符合人体工程学。

2.装饰色彩

日式风格多采用自然色系为主要的装饰色彩。以米色、白色、木色等作为主要基调，局部采用灰绿色、灰蓝色以及咖啡色作为点缀，讲求与大自然的亲近交流和密切融合。多采用中明度、中饱和度的色彩关系来营造舒适轻松的环境氛围也是日式风格的另外一个特点。

3.装饰材料

日式风格的装饰材料大多混入天然成分，例如散发稻香的草编、自然生态的竹质、柔软天然的纸质、环保朴素的硅藻泥、不着色浆的原木质和舒适贴合的棉麻等。

4.家具、灯具

日式家居讲究节制，因此不过多摆放物品；也讲求物与物之间的和谐关系，善于通过物品来引发人们对过往及生活的思索，这运用了物品营造连带性的空间意识氛围的手法。日式家具尺度一般小巧，注重使用舒适度。材质追随室内空间，多采用天然材料，例如粗布、麻、木、竹等。

日式灯具将自然材料运用于居室的装饰中，不推崇豪华奢侈、金碧辉煌，以节制、深邃、禅意为境界。其特点是淡雅、简洁，通常应用清晰的线条，具有较强的几何立体感。

5.配饰器具

日式风格的代表性配饰器具是樟子纸、木格子做的移门及屏风。相对于中式风格来说，日式风格的装饰器具更为质朴无华。粗陶、窑变茶器、日式书法绘画、和式布艺作品、剑麻地毯、盆景以及枯山水等都营造出了别具禅境的空间。

11.3 日式风格元素列举（见图11-4和图11-5）

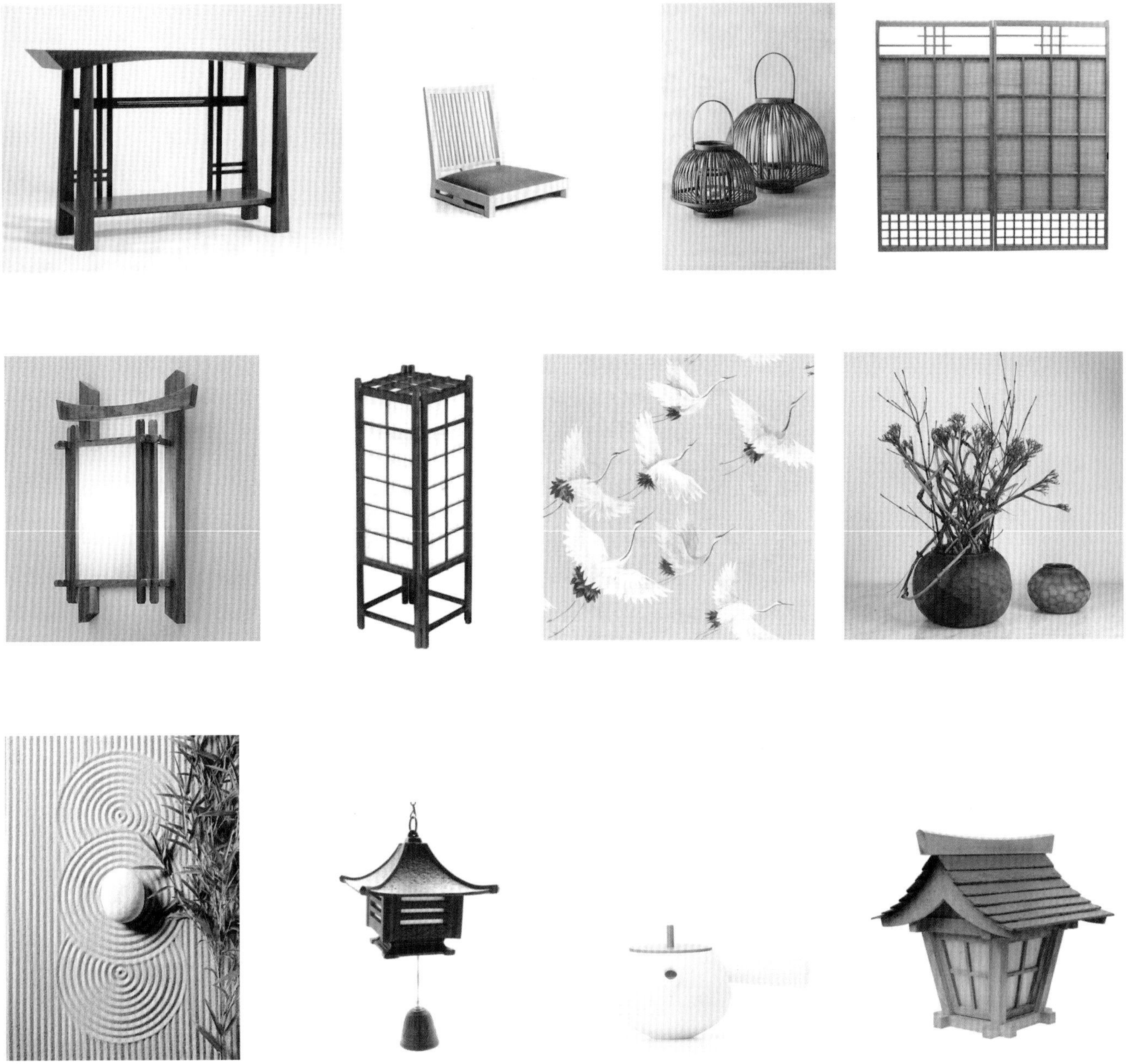

图 11-4

图 11-5

11.4 案例分析

设计：梁思

本项目是位于北京市门头沟区的一间独立民宿，名叫"适寝"，建筑面积约200m²，院子里的一棵樱花树惹人怜爱，人们能在房子的任何一个角度来欣赏它。在这所典型的日式住宅里，设计师融入了一些现代元素，更具实用性。在色彩上，它延续了日式住宅的温暖与朴素，体现了日式风格与现代风格的完美融合，以景色映衬室内安静的氛围，配饰的应用更为精简，以少取胜。

日式风格在进行建筑设计和室内设计时已经仔细推敲了空间，内外共融。景观往往是日式建筑室内最好的软装元素，木质结构、自然色系则为空间增添了温润的质感（见图11-6）。

图 11-6

图 11-7

图 11-8

移门常用来作为日式空间的装饰，规则的格子分割是常见的形式，有时可以通过开放的玻璃或移门等将庭院的景色借进室内，增加空间的活力（见图11-7）。

日式家具可选择棉麻质感的布料，增加质朴的触感，家具布置更注重功能性和人体工程学的应用，用极简的家具即可达到精神上的共鸣。此外，也可以选用一些枯枝、茶器作为空间装饰（见图11-8）。

日式内宅常常会用榻榻米或地板来增加日式格调，并选配一些矮桌和坐垫在榻榻米上（见图11-9）。

日式风格的灯具造型简洁，多采用直线条的设计，可以用自然的材质，也可以根据空间需要选用麻绳、纸质、陶罐、铸铁等作为主要材质（见图11-10）。

可以采用和风图案的布料作为空间装饰，日式风格的传统纹样多采用富有美好寓意的事物，常见的有樱花、菊花、梅花、鲤鱼、仙鹤、水波纹、如意纹等。卫生间点缀的樱花是视觉的焦点，也可削弱卫生间的冰冷和不适感，但需要注意防潮防霉的处理（见图11-11）。

图 11-9

图 11-10

图 11-11

11.5 设计心语

建筑师： 想要完成一件好的日式风格作品，首先要充分学习人体工程学，研究每一个空间的必要尺度关系。日本是岛国，资源的有限促进了日本人在细节和品质上的追求，这正是我们需要学习的。

景观设计师： 可以考虑空间局部开放。内外借景是不错的选择，另外可以考虑微缩景观的室内运用。枯山水的借用可以运用在日式庭院中，以此增加空间的日本特色。

软装设计师： 虽然日式风格在整体空间特色中有着自然的气息，但是在现代的大环境中，日式风格也戏剧性地融入了一些跳跃元素来打破原有的朴素，给人一种意想不到的惊喜，这也是一种不错的设计手法。

心理学家： 日式风格往往可以安抚人的心境，引发人们思索。在这里，人们可以缓解工作上的压力，得到更好的休息，也可以更快集中注意力。

思考题 1. 日式风格和中式风格的联系和区别是什么？

2. 查找若干日式风格图片，并按照空间分类。用日式风格来为你的家做一个软装设计方案，室内包含客厅、餐厅、卧室、书房、茶室等空间。

图 12-1

12.1 东南亚风格的概念

　　东南亚风格顾名思义是一种结合亚洲东部、南部岛屿民族风情和本地民俗而形成的一种休闲度假的风格特色。由于东南亚气候闷热潮湿，所以东南亚风格的空间多采用开放形式，也多选用防腐蚀的材质。东南亚民风淳朴、奔放，家居形式多为原生态，粗犷、慵懒，且尺度比较宽阔舒适。在这里，由于受光照强度的影响，人们对色彩的辨识度较弱，因此养成了喜用鲜艳颜色的习惯（见图12-1~图12-3）。

图 12-2

图 12-3

12.2　东南亚风格的特征

东南亚风格多采用拙朴的装饰物品，设计手法也更粗犷洒脱，在造型特点上更加注重原始空间感，有时候甚至用藤蔓及木质的屋顶、帐幔来营造一种原始的洞穴效果。有些空间会运用折叠门的形式来连接室内外，在特定时间完全打开，使室内外浑然一体。家具形式更为宽大，多选用防腐蚀性强的材料。很多搭配还会就地取材，采用东南亚特有的菠萝格、椰壳、柚木、藤条等作为主要材质。面料的选择上也更注重防水、防汗及速干等属性。东南亚风格在局部采用色彩鲜艳的装饰作为点缀，代表国为泰国、印度尼西亚、马来西亚、越南等。图案多为当地动植物的变形，大象作为当地吉祥的象征，经常作为图案出现在各种饰品上。

1.装饰造型

东南亚风格的外形和装饰相对朴素，但也适当融入了当地民族图案，以雕刻和织物的形式表现出来。家具则采用方正的形态，造型粗犷有力。座高较低，厚实的靠背、宽大舒适的椅身营造出一种缓慢慵懒的氛围。在局部还会用帐幔进行装点，从而增添空间的浪漫气质。而在室内外分割时，常采用折叠门使空间更开放自由。

2.装饰色彩

受长时间日照的影响，东南亚风格会采用低明度的色彩来降低曝光感。中性色系（例如米黄、咖啡、深咖啡、木色等）常作为东南亚风格的主基调，局部则采用明黄、丛林绿、粉紫等颜色的靠垫或抱枕进行点缀，跟原生态色系的家具形成反衬，具有不一样的异域风情。

3.装饰材料

东南亚风格喜欢运用纯天然的材质（例如实木、藤蔓、麻等）来打造空间，形成一种古朴自然的氛围。有些地区甚至天然取材，用椰壳制品来制作家具及装饰品，还会采用树根、枯枝、棕榈叶等作为装饰，使人仿佛生活在丛林中，让身心更为放松。

4.家具、灯具

东南亚的家具多采用防腐蚀性强的木质，并用自然油漆来凸显出材质的本色。颜色以褐色为主，搭配藤制家具以及布艺装饰作为点缀。装饰线条简单粗犷，没有过多的人工修饰。灯具的选择上也更为贴近自然形态，有些时候甚至用棕榈作为主要材质。

5.配饰器具

帐幔、吊扇、尺度较大的水缸及陶罐、石雕、木雕等可以作为空间点缀；在绘画的选择上，多采用富有创意的民族图案来装点，例如大象，绘画的颜色多艳丽、易于分辨。

12.3 东南亚风格元素列举（见图12-4和图12-5）

图 12-4

图 12-5

12.4　案例分析

设计：郑楠

本案例位于老挝万象塔銮经济开发区绿地铂骊酒店，它的灵感来自一个故事：有一个身上有缺口的圆，它为了成就圆满，去寻找自己失去的那一个角。它经过森林，经过河流，拥有了很多朋友。终于，它找到了那一个角，变成了一个完整的圆。因为没有了缺口，它快速地转动起来，再也没有闲暇欣赏身边的河流和森林，结果把自己好不容易找到的那个角转掉了。我们生活在一个高速而缺乏耐心的时代，这似乎也是现在都市人的一种得不偿失，因此酒店希望营造一种慢生活的文化氛围，让来到这里的人可以慢下来，去感受自然和质朴的东南亚文化。步入大堂，就好似穿梭于茂密葱茏的热带雨林，或是漫步于夕阳下波光粼粼的湄公河畔。

酒店的软装元素更多采用当地的自然元素，以增加空间的特色和趣味性。顶面采用藤编制成的大型叶片，突出了热带雨林的主题（见图12-6）。

墙面的叶片是顶面的延续，热带雨林的大片叶子由空中而至，到达客人可以触碰到的地方，形成空间中的虚实变化（见图12-7）。右侧的接待台背景用蓝色和灰色来描绘波光粼粼的水系，缓解炎热带来的烦躁，并强化空间的视觉效果（见图12-8）。

图 12-6

图 12-7

图 12-8

图 12-9

贵宾问询处的屏风采用了芭蕉叶的抽象图案，在概念上强调热带雨林的主题。为了使屏风更好地融入空间，设计中没有选用过于鲜艳的色彩，而是以金银色为主调，体现贵宾区的尊贵感（见图12-9）。

吧台上方的灯具元素来自于老挝本地的木雕文化，远处的藤编灯笼和吊扇也是当地独特的手工艺品（见图12-10）。在布置空间之前，最好到实地进行考察，选取本地化的材质，降低成本。

图 12-10

东南亚风格的家具可以适当选用一些户外家具，以此来增添空间的舒适度和度假氛围，也能让客人身心放松下来（见图12-11）。

休闲区的雨林画作结合两侧的绿植，营造出一种围合的自然环境，让客人感受到热带雨林的生机活力。沙发遵循东南亚特色，采用实木材质，局部用黄绿色布艺提升舒适度，并使空间更加温馨（见图12-12）。

寺庙和佛像在老挝随处可见，是当地人虔诚的供养。这尊佛像是酒店庭院内大尊佛像的缩小泥模，希望以此来沟通内与外。周围用高低错落的暖白色花卉点缀，体现了佛在当地人心中的尊贵（见图12-13）。

图 12-11

图 12-12

图 12-13

12.5 设计心语

室内设计师： 东南亚的人民生活节奏较慢，营造的空间氛围应该以轻松、安逸、浪漫、接近自然为主，因此需要尽量避免选用金属材质和人工雕琢的装饰家居产品。设计的精髓在于不经意间带给人慢生活的度假感和朴素感。

软装设计师： 东南亚风格的搭配虽然特色浓烈，但是在配色方面不能太过杂乱。色彩布局要以接近自然基调的咖啡色系为主体色，在局部空间点缀亮色比大面积运用鲜艳色彩更加出彩。此外，可以选用本身色彩感丰富的布料来做抱枕等装饰物。待熟练掌握技巧后，也可以大胆尝试撞色设计。

平面设计师： 可以用一些阔叶植物作为空间装点。热带的花卉鲜艳、造型独特、富有活力，可以作为空间内很不错的设计元素。图形的带入则使整个空间更接近自然，就好像徘徊在热带雨林中。

自由职业者： 设计往往源于生活，有时候在旅行中的所见所闻可以更好地运用在实战操作中。在设计之前可以去泰国、菲律宾、马来西亚等地旅行，体验一下岛国的浪漫气质，寻找设计灵感。

思考题

1. 如何运用东南亚风格进行创新设计？

2. 选取两张以上东南亚风格的项目案例照片，分析其七大元素，并利用其中的元素进行再次组合，营造新的空间氛围（提倡具有开拓精神的创新方式和大胆配色）。

图 13-1

Chapter 13 / 第十三章
新古典风格

　　古典风格起源于17世纪的法国，它是在古希腊建筑和罗马建筑的基础上逐步发展起来的意大利文艺复兴建筑、巴洛克建筑和古典复兴建筑。古典风格继承了欧洲文化丰富的艺术底蕴，用华丽的装饰和精雕细琢的细部处理来体现皇室的尊贵。新古典风格则起源于18世纪50年代，它顺应了现代的发展和变革，在古典风格的基础上进行改良和简化，不仅继承了古典风格的美学、材质、色彩以及形态，而且在装饰手法上去除掉过于繁复的装饰细节，达到简化了肌理和线条的效果，更符合现代家居及使用的需求和生活节奏（见图13-1~图13-3）。

图 13-2

图 13-3

新古典风格散发着古典风格的神韵，高雅与和谐的美感是其精髓。它更加注重家具和装饰自身的优雅和唯美，追求仪态上的平衡和内涵的更高水平。为了体现主人高贵的气质，通常会用柔美的线条来装点。但新古典风格并不是真正的复古，而是具备了古典和现代的双重审美，讲求神韵的继承。家具多采用轻柔的曲线，较古典风格来说更为精炼、雅致。新古典风格形式多样，在欧洲不同区域形成独具一格的特色：意大利的新古典风格精巧细腻；西班牙的新古典风格华丽出挑；法国的新古典风格浪漫自由；美国的新古典风格自由洒脱。

1.装饰造型

新古典风格摒弃了古典风格复杂的肌理和线条，运用更为简练及柔美的方式来表达，减少了过多的雕花、烫金等装饰，更注重造型效果匀称、端庄的特点。空间明亮、大方而且处处营造一种皇室的气质，更多选用经过人工雕琢的形态。

2.装饰色彩

新古典风格多采用米白色、咖啡色、黄色等淡雅的色彩为主色调。有的地方则采用低饱和度的色彩点缀，颜色不夸张。在新古典风格的家居设计中也常常会运用条纹和大的花型图案，更增添了其古典神韵。

3.装饰材料

新古典风格的木饰面通常是经过修饰的，往往会经过处理或附着颜色，或采用浑水漆来修饰表面。布料的选择都是华美有质感的，可用厚重的植绒或质感均匀的混纺，有时候也用皮革来搭配。此外，金属漆或者金属材质、石材都可作为新古典风格设计的材质选择。

4.家具、灯具

新古典风格体现一种华贵的宫廷气质，因此松软有造型感的家具常常在被选择范围内。家具、灯具的造型比例匀称、柔美、优雅，多采用水晶、金属等材质的灯具来增加空间的华丽感。有时候为了增加空间的柔软度，局部也会选用布艺灯罩的灯具。

5.配饰器具

新古典风格常用配饰器具来增加空间的历史韵味，例如有线条装饰的油画、镜面，造型独特的烛台、玻璃器皿、托盘，绚丽多彩的地毯和靠枕等。

13.3 新古典风格元素列举（见图13-4和图13-5）

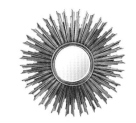

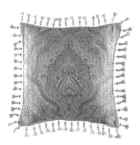

图 13-4

图 13-5

13.4　案例分析

设计：上海尔木空间设计咨询有限公司

本案例是位于昆明的一个法式洋房，主张通过设计营造出一种带有浪漫主义的新古典空间氛围。设计时考虑了它的地理位置，尝试营造漫步于湛蓝的湖水边，欣赏如画风光的浪漫情调。环境色用米灰色，主题色用水蓝色，而家具则选用带有金色勾勒的款式，增加了其精致度及华丽感。茶几选用几何形态和不锈钢材质的款式，减小空间的占用，并和沙发形成对比。用蓝色地毯来衬托沙发的灰色，并在局部融入灰色图形与其他同色系的产品搭配。同时为了增加华丽感，选用水晶和反光感强的装饰品。

这个空间不是传统意义上的古典风格，而是结合现代元素来创造的一种时尚的古典，所以在家具选择上首先要考虑现代的款式，避免选用装饰感过重的形式。在大面积的暖色或米色空间中适当融入一些冷色调可以给空间提气，例如这里选用了蓝色的单人沙发，使形式感更强（见图13-6）。

可以用材质优良的水晶灯和有反光质感的家具装饰品来点缀空间，绘画作品选用西洋种类为佳，局部也可搭配一些抽象作品（见图13-7）。

合理的餐桌布置可以提升空间的品质。餐厅迎合蓝色主题，餐垫和碗盘选用了蓝灰色为主基调；玻璃烛台晶莹剔透，与酒杯形成高低错落的视觉效果；花卉加入了金色来平衡空间的冷暖比例（见图13-8）。

图 13-6

图 13-7

图 13-8

餐厅画面用纯古典形式进行混搭，产生一种戏剧性的冲突效果（见图13-9）。玄关处的人像绘画跨越空间的束缚，用素描与色彩结合、抽象与写实结合的手法增加了空间的张力，并与下方的圆形装饰品交相呼应（见图13-10）。

图 13-9

图 13-10

图 13-11

图 13-12

图 13-13

　　卧室空间在布置的时候注意不要填充得过满，要有的放矢。画面可以采用小巧精致的形式，面积较大的主色调宜采用安静的色彩系列，局部用明快或强烈的色彩点缀为佳（见图13-11）。

　　要注意装饰品形状和色彩的贯穿，例如图13-12中墙面装置的圆形与台灯的半圆形、床上装饰品的圆形形成呼应，而图13-13中装饰画的金色和抽象的半圆又与下方的摆件呼应。

13.5　设计心语

大学教授： 新古典主义注重的是对于古典文化和神韵的追求，而不是古典元素的堆砌，因此切勿大量使用繁琐的装饰线条和过多的描金贴银，也尽量避免高饱和度的金色，在搭配中往往亚金色会好于黄金色。

布艺设计师： 在选择带有图案的面料时，可以选择一些花卉、树叶的图形，尽量少用人物图形，图形比例要与空间尺度匹配。小空间运用小花型，大空间运用大花型。为了避免过分凌乱，可以使用素雅的布料和有图案的布料相结合搭配，以便达到更好的平衡。

思考题

1. 怎样避免新古典风格中常出现的"土豪"误区？

2. 用新古典风格为三室一厅的家居空间搭配软装，要求呈现一种典雅、精致的风格。

家具设计师： 古典风格在早期多运用于宫廷的内部空间装饰，家具及饰品的尺度较大，也更注重实用的舒适度。而到了现代，新古典风格虽然简化了线条和装饰元素，但是家具的尺度并没有过多缩减，所以更适合较大面积的空间。在小空间使用新古典风格，会显得过分拥挤。

Chapter 14 / 第十四章
田园风格

14.1 田园风格的概念

　　田园风格是由新古典风格演变而来的一种具有乡野田间清新自然气息的装饰风格。它吸收了路易十四时期的装饰元素，但也更多地选取来自大自然的图形。田园风格倡导对自然的回归，表达了一种对慢生活的向往，被当今处于高科技和快节奏生活中的人们所推崇。它主要表现一种悠闲自得的田间生活情趣，所以在设计的细节上，多用到能够营造轻松氛围的方式。例如做旧的木头、小碎花及格子的布料，还有破损的铁艺等都有可能成为田园风格的点睛之笔。色彩不浓艳，更清新自然，图案则会用到体现丰收、富饶的麦穗、羊角、葡萄藤等。图案上多选用代表肥沃和孕育的贝壳，带有寓意的格子和爱心等，营造一种温暖舒适的氛围。相对新古典风格，田园风格的用色更为鲜艳和大胆（见图14-1~图14-3）。

14.2 田园风格的特征

　　田园风格体现的是一种朴实的韵味。在大城市中长时间生活的人们更有亲近自然的渴望，而田园风格则会带给人们一种亲切感，更能让人们去发现生活的乐趣。因此在

图 14-1

装饰中，田园风格会大量运用布艺来增加房间的舒适感。在不同的文化背景下，田园风格又逐渐衍生出了不同的类型。例如，法式田园风格追求一种安逸祥和的生活方式，清新浪漫，色调淡雅；英式田园风格以苏格兰地区的特色为代表，常用苏格兰格子、皮革、羊毛毯以及动物标本等作为装饰，体现出野外的特色；美式田园风格多运用天然石、木材表现务实精神，色彩大多采用红、白的组合，此外也会用到植物图案；中式田园风格的基调是丰收的金黄色，更多选用藤蔓等材料来打造；南亚田园风格较为

粗犷，喜爱做雕花，以咖啡色为主色调。

1.装饰造型

田园风格的装饰造型多继承古典风格的特征，但是在细部处理上更为放松，不追求过多的刻画。在款式选择上多以布艺为主，尺度宽松舒适，更注重耐久性。木耳边是布艺的常见做法，还有一些铁艺造型的图案则会运用在空间装饰上。

2.装饰色彩

田园风格的装饰色彩整体比较轻松愉悦。置身在这样的空间里，会让人放松心情。米白色、淡蓝色或者水绿色都常常用在装饰色彩中。有些空间为了增加趣味性，也会采用撞色的手法。法式乡村的格调相对素雅清淡，苏格兰地区的装饰风格较浓艳，美式则颜色温暖。

3.装饰材料

更为质朴的木头一般会被用在屋梁的装饰上，石子、棉布、铁艺、布艺、藤蔓等也会作为田园风格的装饰材料。

4.家具、灯具

田园风格的家具选择更柔软舒适的款式，桌子等更为宽大粗犷，木纹明显。有时候通过故意做旧和破损来打破僵硬的造型，以此形成一种自然的美感。灯具也会随着自然轻松的格调选用布艺为主的材料，有时还会在局部装饰中选用天然的石头、树根等。

5.配饰器具

装饰器具多选用质朴的款式，例如铁艺的收纳盒、木质的餐盘、藤蔓的收纳筐、粗质木料制成的装饰架等。有时候为了渲染自然的气息，还会选用一些在农耕中使用的器具作为室内的装饰。

图 14-2

图 14-3

14.3 田园风格元素列举（见图14-4和图14-5）

图 14-4

图 14-5

14.4　案例分析

设计：Tina Wong Interior Desing Studio

本案例是一个50m²的小空间设计。为了打造轻松的氛围，设计师推荐了田园混搭的风格。基调运用米白色，但由于餐厅十分狭窄，因此将座位设置在靠墙的地方，以便把更多的地方留给其他区域。而色彩选用则以经典的白色与蓝绿搭配，并且常常穿插运用。例如将家具的主色即蓝绿色穿插在挂画上面，使空间更加和谐。

在营造小清新的空间氛围时，植物点缀可以选择小碎花或者绿叶，装饰品可以选用一些素雅的画面或者文字。这里黑白色的画面和地面形成了很好的搭配（见图14-6）。

设计往往体现了生活的细节。在原有的冷色调中，可以选用对比色的花朵来增加空间亮点。与此同时，加入原木感觉的面包板可消除过于冷淡的气氛（见图14-7）。

在开放式厨房的布置中，尽量选用有规则的产品进行布置，避免过于凌乱，达到在无序中寻找有序的质感效果（见图14-8）。

空间中有些看似不经意摆放的物品，其实是设计师经过精心设计的场景，目的是为了展露出人们生活的轨迹，增加空间的温度。在布置的时候可以将自己想象成房间的主人：我会使用什么样的物件呢？问一下自己，你就有了明晰的规划（见图14-9和图14-10）。

图 14-6

图 14-7

图 14-8

图 14-9

图 14-10

图 14-11

　　巧妙的空间搭配可以选择更具有生活韵味的产品，营造好似有人生活于此的质感。切开一半的面包、残留的咖啡，好像一切刚刚发生在一个阳光灿烂的午后（见图14-11）。

　　居住空间中的软装不同于样板间的软装，需要更关注实用性。储物空间是十分重要的部分，在这里为了增加空间的收纳性，床铺选择有床箱的款式（见图14-12）。

图 14-12

14.5 设计心语

　　软装设计师：田园风格在于营造一种十分质朴和自然的氛围。有时候随心所欲的搭配也会呈现出一种特别的格调，所以不用太拘于小节。但是初试这种风格时，使用淡雅的搭配往往比较好把握。运用一些格子还有小碎花的装饰则会给空间带来更为温馨的气氛。

　　家具厂商：在田园风格的搭配中，桦木、楸木、橡木等木纹粗犷一些的木料更为适合，因为它们可以更好地营造出一种自在的氛围。在细节处理上，可以增加一些钉扣的装饰。

　　美术编辑：温馨自然是田园风格的关键，所以要营造一种温情暖意的家庭氛围，可以想象一家人团坐火炉旁，孩子嬉戏，三五好友谈笑风生的欢乐场景。

思考题？
　　1. 法式田园风格可以运用在哪些空间中？
　　2. 用法式田园风格搭配一个具有浪漫气息的乡间别墅客厅，并寻找适合的材料制作气氛板来说明设计意图。

Chapter 15 / 第十五章
北欧风格

图 15-1

15.1 北欧风格的概念

　　北欧风格又称为斯堪的纳维亚风格，主要指欧洲北部，发源于挪威、丹麦、瑞典、芬兰及冰岛的设计风格。它多运用白色的基底、浅色系的装饰，用线条简练流畅的家具来进行装点。由于北欧风格"不争不抢"、萧条冷淡的空间装饰，很多人戏剧性地称之为"性冷淡风"。在20世纪的工业设计浪潮中，北欧国家设计师受到英国工艺美术运动和新艺术运动的影响，逐渐参与到各种设计活动中，北欧风格一度被推到极致，风靡全球。在经历了新古典风格、新中式风格多年的洗礼后，去除繁华、回归本真的北欧风格又逐渐出现在我们的视野中，成为一种被年轻人追捧的设计风格（见图15-1~图15-3）。

15.2 北欧风格的特征

　　北欧风格有别于装饰主义风格，它非常注重功能性，而且更提倡实用主义。它的语言直接、简洁，基本不会使用雕花、纹样作为装饰，而是更注重研究人体工程学，因此极简的造型和有机的形态通常被用在北欧风格的设计中。淳朴的北欧人民对他们的生活、家居都很珍惜，将山水和大自然的灵性融入设计作品，结合环境和自身的自然资源，充分利用当地的材料，并与生活紧密结合，将设计沉淀成一种实用的功能主义，制造出雅致、精巧、有人情味的家居饰品。多数北欧家具的质感和使用舒适度被广大用户所推崇。对于北欧风格来说，对材质的精挑细选、工艺的至纯至真、以人为本的态度至关重要，这种理念也获得了世界普遍的认可。我们常见的宜家家居就是北欧风格的代表。北欧风格的色彩多采用冷色系，但为了避免大面积的白色或过多的冷色，北欧风格有时候会装点一些强烈的色块来提升空间的趣味性。现代的北欧风格也可以分为三个流派，分别是瑞典流派、丹麦流

图 15-2

图 15-3

派、芬兰现代流派。

1.装饰造型

北欧风格的装饰造型简洁，但其中许多家具、灯具等在细节的处理上又是流线型的。这是因为它避免太过硬朗的转角对人的无意伤害，所以尽量采用有机形态。研究如何将家具的曲线与人体完美结合起来是北欧风格的方向。

2.装饰色彩

北欧风格的配色总能达到视觉上的舒适效果，它讲究的是空间的色彩平衡度。有时候不用纯色，而是采用中性色彩使空间显得更为柔和、舒适，也会用黑白灰的对比色来达到空间的平衡，而在局部大胆地运用高彩度的配色来突破原有色彩的压制。

3.装饰材料

北欧风格的装饰材料十分广泛，例如常常采用橡木、枫木、云杉等作为家具的材料。毛毡、皮毛、厚实的布料也会用在家具中体现一种原始的美感。在现代的北欧风格中，很多设计采用了亚克力、塑料等便于成型的材料。

4.家具、灯具

北欧风格的家具、灯具造型小巧精致，多采用有机的形态，线条流畅不浮夸，多数家具的款式经得起时间的检验，或成为家具史上的经典。

5.配饰器具

北欧风格的配饰图案简洁、色彩明快。当代艺术中的抽象绘画、摄影作品常常用来作为其空间装饰，地毯也多采用几何图形。不仅仅造型流畅的金属器具，现代的设计产品都广泛用于北欧风格的装饰中。

15.3　北欧风格元素列举（见图15-4和图15-5）

图 15-4

图 15-5

15.4 案例分析

设计：上海尔木空间设计咨询有限公司

本案例是一个为年轻人打造的90m²专属空间，位于昆明，以北欧风格为主调。北欧风格在一定意义上是一种生活态度的体现，崇尚北欧风格的人多数喜欢简单的生活方式，喜欢大自然，不追求太多奢侈的事物。它也常被应用于小空间，采用更简洁的设计语言，有时又配合着使用者的性格特点，点缀一些明快的色彩和个性化的图案。

北欧由于光照弱，因此居民对于色彩的敏锐度很高。在经过长时间积淀后，北欧家居逐渐形成了一套自由的冷淡色彩体系。在进行北欧风格的设计时，可以选择黑白灰及木色作为主色调，局部点缀些明快的色彩提升空间活力（见图15-6）。

有时候装饰画可以用摆放的形式代替挂放，使空间更灵活多变（见图15-7）。这里的沙发扶手在右侧，所以在房间左侧布置了放射状的画作与地毯呼应。橙色圆凳是空间补色，使画面达到平衡。

北欧人在生活中并无过多的附加品，所以家具的形式感大于储藏性。装饰上也多用慵懒朴素的色调，但也不排除随着设计师的年轻化，一些更有创意和个性的单品出现成为空间的亮点（见图15-8）。

布置餐桌的时候，除了考虑功能性需求外，还需要考虑艺术构图，例如要有图案的互相贯穿，要有色彩的协调对比，还要有局部幽默感的体现（见图15-9和图15-10）。

图 15-6

图 15-7

图 15-8

图 15-9

图 15-10

图 15-11　　　　　图 15-12

在空间的艺术画选择上，抽象的画面可作为首选。它可以用简洁的艺术语言，即线条、几何图形或色块补充空间中缺失的设计成分，也可以避免产生过于繁杂的视觉感受（见图15-11和图15-12）。

图 15-13

年轻人所用空间的布置技巧是先用柔和、低饱和度的色彩营造环境色，再用对比色或补色进行局部点缀，提升空间精神，例如床上的靠枕、托盘内的蓝色饰品、画面中的一抹淡蓝（见图15-13）。

图 15-14　　　　　　　　　　　图 15-15

要想让空间更有说服力，就需要先帮空间做好生活场景的设置，例如要假定在这里生活的人是谁，他们的年纪多大，他们喜欢什么……根据这些信息选取相应的产品，则空间设计就是有感染力的（见图15-14和图15-15）。

15.5　设计心语

建筑师： 简单也可以是一种美。北欧风格家具更适合现代的家居，因为它的价格实惠，体积小巧，也可以根据不同的心情进行临时的搭配，推荐在小户型中运用。家具和装饰品往往配合白色或浅灰色的背景来选择。

服装设计师： 在设计北欧风格的时候尽量避免顺色，要注意黑白灰关系的区分，有时候也可以加入几块亮丽的纯色。但是为了不过于杂乱，尽量选择色相中的色彩基调，或者在和谐的中性色彩中进行搭配。当然，也可以在局部进行撞色处理。

大学教授： 北欧风格和现代风格是可以融会贯通的。因为北欧风格是在20世纪逐步全球化的，所以在现代的搭配中，不用特意区分北欧风格和现代风格，有时候混合处理会增强其实用性。

 思考题 1.北欧风格适合用于什么空间的设计？
2.选取一个北欧风格的软装搭配案例，挑选出10件设计产品，并研究它们的设计理念，分析它们的优点和缺点，提出改进的方法。

图 16-1

图 16-2

Chapter 16 / 第十六章
现代风格

现代风格是工业社会的产物。它和北欧风格一样，追求功能主义，但同时体现了对时尚和潮流的追逐。现代风格起源于1919年包豪斯学派，提倡突破传统，用极简主义的手法进行空间的塑造，反对多余的装饰，认为"少即是多"。现代风格用不对称的布置方法实现功能的布局，因此更讲究空间的几何构成感。通过用点、线、面来解读空间中事物的关系，体现出现代生活中简洁的韵律。它追求现代工艺和高科技的运用，使空间看起来更为高效。现代风格也常常喜欢运用新型材料来塑造空间，构建节点极其精致。在现代风格的一些分支中，还会运用强烈的色彩和简约的形态来强调空间视觉中的艺术永恒。很多现代风格设计还会采用超凡脱俗的白色系，让进入空间的人更好地体会空间的结构美（见图16-1~图16-3）。

现代风格注重功能的布局，造型极度简约，不运用过多装饰。空间装饰组合多变，多用到几何形态的家具，像搭积木般拼接成全新的环境。现代风格的家具更具有想象力，色彩跳跃且色彩运用大胆灵活，展示给人们个性化的一面。可以发挥个人的创造力，在单独墙面的处理上用色块来体现分区，给人带来前卫、不受约束的感觉；也可以用合成材料来制作家居用品，或用一体成型的方法来达到无缝拼接的效果。现代风格选取的材质更能体现科技的发展，同时也注重环保与材质之间的和谐和互补。新技术的运用也是现代风格的一个关键环节，可变换色彩的灯具、智能化控制的运用都是其时代感的象征。

1.装饰造型

现代风格装饰造型极简，没有过多的修饰，多用直线来表达空间的关系，简单的线条或组合，再加入一些超现实主义的绘

图 16-3

画、金属灯具、个性的抱枕，如果说北欧风格带有一丝"温柔"，现代风格则是"硬汉一枚"。

2.装饰色彩

现代风格的色彩搭配多种多样，常见的搭配有黑白对比方式、纯白色搭配方式，以及色彩冲撞的搭配，例如红色的沙发或者彩色的地毯，可产生视觉冲击力，突出时尚特色。

3.装饰材料

不锈钢、玻璃、铝板等都会更多地运用在现代风格设计中，减少柔软的成分，提倡高效理念。而在柔性材料上也与其他风格不同，尼龙、金属网、科技木、PVC、防火板、水泥、人造石等都会被用在现代风格的装饰中，体现人类发展所带来的科技进步。

4.家具、灯具

造型简约、流线形态、颜色亮丽的家具是现代风格中家具的首选，面料可以选择耐污染的化纤材质。灯具造型简洁，金属、亚克力为主要材质。

5.配饰器具

装饰画可以选用抽象作品、几何形态作品、摄影作品等作为空间装饰，器具搭配可以色彩跳跃，也可以采用高反光材质，凸显高科技和时代感。

16.3　现代风格元素列举（见图16-4和图16-5）

图 16-4

图 16-5

16.4　案例分析

设计：上海尔木空间设计咨询有限公司

　　本案例是位于昆明市中心的一间精装公寓，设计由RMU设计团队主持。它采用典雅、精炼的现代设计风格，在局部的处理上融入了一些新中式设计元素作为点缀，增加了空间文化内涵。这个空间以米色、咖啡色为主色调，融入了少许橙色打破原有的沉闷。现代风格较北欧风格更为简洁、大气，也多用于大户型的设计，装饰品的配备更为精炼准确，用恰到好处的装饰品创作有张力的空间，极其考验设计师对空间关系的把控。

　　沙发选用简约大气的款式，特别之处是在局部集成了边桌，并在表面增加反光铜材质，体现精致的细节。靠枕选用几何图案，用橙色提亮整个空间，并融入咖啡色增加稳重感（见图16-6）。

　　墙面的挂画用综合绘画手法来表现中式山峦的韵律，在融入中国文化的同时，又不失现代感。装饰品要满足黑白灰关系，与此同时加入小块的明亮或高光色点缀，这样的空间就有活力了（见图16-7）。

　　餐桌的布置需要满足使用需求，并提升视觉上的愉悦感。适当使用饱和度高的色彩会有意想不到的效果，墙上的中式磁盘和餐饮的主题互相呼应（见图16-8）。

　　厨房的布置有时候会被忽视，选择有格调的厨房用品可以使厨房空间增色不少，局部也可以用色彩明快的果蔬或是小幅摄影、抽象画来点缀（见图16-9）。

图 16-6

图 16-7

图 16-8

图 16-9

图 16-10

地毯沿用了空间的橙色，与米白色的床品相互衬托，并和暖灰色的空间融为一体。地毯的明度要与家具有差别，这样可以更好地衬托后者。地毯、床品和窗帘通常是卧室软装色彩打造的关键，需注意相互协调（见图16-10）。

图 16-11

米灰色作为空间的主色，用弱对比的方式来呈现。在较小的空间中，尽量选择体积小的家具和反光度好的饰品，让空间显得更开阔（见图16-11）。

儿童房不一定要选择或红或绿的纯色，糖果色系的运用会让设计看起来更高级，它有活跃空间、增加童趣的作用，又不会太过突兀。在布置儿童房的时候，要先了解儿童的年龄、性别，以便选用适合的产品和人性化的尺度（见图16-12）。

图 16-12

16.5 设计心语

材料厂商： 现代风格在选材上不局限于传统材料，可以更多地尝试新型材料，有时还可以尝试新型材料的错位使用。例如用仿木纹的PVC代替原有的木制品；用水泥来做家具、灯具，也可以别具一格。

艺术家： 现代风格不受空间大小的局限，不同的空间可以达到不同的效果。在大空间的搭配中，可以加入一些华丽的材质，例如毛皮、贝壳、玻璃、水晶等，打造一种低调奢华的现代风格；而小空间中可以巧妙地运用色彩，让空间变得生动有趣。

灯光设计师： 在空间中可以巧妙地运用灯光的变化，使现代风格达到更新潮的效果。线性灯光的运用会带来时尚的舞台感，而彩色灯光的运用则可以增添空间的艺术感。有时还可以在局部加入投影技术来增加空间的戏剧性。

思考题 ？

1. 现代风格的长处和短处是什么？它和北欧风格有何关联？

2. 用现代风格搭配一个时尚的办公空间。除了满足基本的使用需求外，还要具备一个特色的员工活动区域和一个会客空间。

Chapter 17 / 第十七章
工业风格

　　工业风格于20世纪40年代在美国纽约开始流行，艺术家们利用一些破旧的厂房分割出各种活动空间，形成一种新型的、空旷的空间效果。工业风格通常由挑空的两层组成，它提倡旧物利用、低碳环保。设计师常常在暴露的结构和横梁、红砖的空间内采用工厂废弃的零部件来构建家具、灯具的装饰，表现出一种粗犷、硬朗、金属般的美感。这种风格十分富含创意，用看似废铜烂铁的材料拼凑而成，却形成了一种不拘一格、豪放不羁的独特风格，很快流行起来，备受追求个性的年轻人喜爱。20世纪后，设计师们将工业风和后现代主义相结合，碰撞出极具亲和力的空间效果，使其在全球广为流传（见图17-1和图17-2）。

　　Loft是工业革命开端时出现的建筑空间形式，而基于这种建筑空间形式形成的家具、灯具等空间搭配，在某种程度上是对原汁原味的工业特色进行强化。裸露的管线、断裂的水管、拆卸的红砖、废弃的混凝土都成为空间塑造的装饰元素。锈迹斑斑的金属制品往往是空间的焦点，而铁质和粗糙木质的搭配堪称经典。金属既耐用又坚不可摧，而木制又柔化了铁件的冰冷，使空间带上家的温馨感，两者形成反差，呈现出和谐冲突相融合的美。有时会加入棕色或黑色的皮革制品，使得整个空间显得更为华丽。来自工厂的特有材料——砖和混凝土制作的物品，也会为整个室内增添冷酷的神秘感以及重金属摇滚般的魅力。

图 17-1

图 17-2

1.装饰造型

工业风格的装饰造型不拘泥于小节，相比于其他风格而言更具有张力。硬朗结实、粗犷洒脱、讲究变废为宝的理念是工业风格的特点，所以工业风格多由旧物改造而来，或是采用厂房、仓库内常用的廉价材料，也有很多是经过手工制作而呈现出来的新款型，具有强烈的工业感，前卫又复古，且价格低廉。

2.装饰色彩

装饰色彩有对比强烈的黑白灰色系，有洁净雅致的纯白色系，或是两者兼而有之；还有富有生机的黑、红色搭配，或在灰色基底上融入不同造型、不同色彩的多种元素，或在红砖上涂刷斑驳的白色涂料，以此增加色彩的层次感。

3.装饰材料

工业生产中厂房里的材质都可能成为工业风格的原材料。常见的装饰材料有红砖、铁艺制品、生锈的金属管、粗布、混凝土、粗糙的木材、硬质的皮革等。这些材质用坚硬的感觉表现出工业给人的特殊属性。

4.家具、灯具

工业风格的家具用金属或皮革作为材料，灯具大都采用厂房的工矿灯作为原型来进行设计改良，灯泡也常用在设计中。如今的设计流行采用回收水泥切割出更简洁现代的造型，作为室内装饰的家具、灯饰。

5.配饰器具

工业风格的配饰可发挥空间很大，但宗旨是尽量选用复古的装饰品类。例如搪瓷杯、破旧车轮、废弃的照相机、复古的霓虹灯都可以作为空间中有趣的点缀，装饰画也可以大胆借鉴色彩鲜艳的波普艺术。

17.3　工业风格元素列举（见图17-3和图17-4）

图 17-3

图 17-4

17.4　案例分析

设计：赖伟方

　　本案例为台北的一家快餐店，在设计上运用了工业风格。空间以金属、原木及砖的材质为基础，用一些抽象几何形态的黑白图形进行装饰，并在一些显眼的地方用明快的色彩及温暖的色调，起到吸引客群的作用。入口的"HELLO"用复古的灯箱设计点出工业风格的主题，提升了空间的活跃度。其他的一些家具则考虑到了餐厅的使用需求，选取了兼顾美观和耐用的款式。

图 17-5

如果空间比较深沉，选择靓丽的颜色装点效果会更好；如果空间比较杂乱，选择同一色系或者甚至同样材质的装饰比较好（见图17-5）。

图 17-6

传统意义上的软装设计是对于家具、装饰品的推敲设计，但是在有些室内设计中，一些建筑材料都可以作为设计人员发挥的元素，例如图17-6中的彩色墙砖，而墙砖上的"HELLO"则充分体现了工业风格的特色。

为了增加舒适度和组团的感受，在快餐店中可以加入卡座的设计，但是要注意选用防火等级高、耐磨度高的材质（见图17-7）。

图 17-7

快餐厅的家具尺度较正餐餐厅的家具尺度更为小巧，可以容纳更多客人就餐，从而创造更多的营业额。但是要兼顾舒适度，不然会降低消费者的体验感（见图17-8）。

图 17-8

图 17-9

图 17-10

在进行空间配搭时，尽量选取有联系性的色彩，贯穿始终地去使用。例如图17-9和图17-10中选用红色为统一色调，从硬装到软装都适当地融入了这个跳跃的色彩，使空间更有连贯性。

17.5 设计心语

大学教授： 喜好工业风格的多为个性鲜明的群体，例如艺术家、设计师、建筑师、音乐工作者等，所以很多家具、灯具融合了对于旧物的改造和想象力，一是为了增加空间的艺术性，二是为了达到节约环保的目的。

工业设计师： 工业风格追求的是朴素却不平庸，以及如何表现居住者的个性，有时也会运用到混搭的手法。任何手法的搭配都可以尝试与工业风格相融合，可以更为随心所欲、不拘一格地进行设计。

艺术家： 工业风格的诞生是源于贫困的艺术家们想用低价格创造出一种为他们服务的空间类型，所以它满足了基本生活的保障，而不去过多地追求华丽装饰。但现代工业风格也会和后现代主义结合，表现出一种艺术效果和华丽感。

思考题
1. 工业风格可以运用在哪些空间的设计中？
2. 寻找一座老厂房，拍摄内部照片，并进行假设性的改造，使其成为一个为室内设计师服务的新型办公场所。

Chapter 18 / 第十八章
艺术装饰风格

图 18-1

图 18-2

图 18-3

18.1 艺术装饰风格的概念

　　艺术装饰风格又称为Art Deco风格，由19世纪末的新艺术运动演变而成。这一时期的艺术家们厌倦了巴洛克、洛可可等装饰艺术风格，重新创造出一种新的艺术形式。艺术装饰风格的灵感来源于古埃及考古学家从古代帝王墓穴中发现的古埃及艺术，此外也受非洲、印第安等地区文化的影响。艺术装饰风格于20世纪20年代早期在欧洲流行起来，1925年随着巴黎国际现代化工业装饰艺术展览会的广泛影响而被世界认知。艺术装饰风格虽然起源于法国，但是兴盛于美国。它擅长将自然、动物、人物、文字等抽象变形为简单的几何图形，常被运用在建筑、家具、艺术品上，也被运用在平面设计、首饰、服装、工业产品上。电影《了不起的盖茨比》的场景布置中就运用了这一装饰风格，它体现出对奢华生活的向往，又带有简约的特性，也是一个时代的印记（见图18-1~图18-3）。

18.2　艺术装饰风格的特征

艺术装饰风格是多种风格的合体，具有强烈的装饰意图。它常常运用自然界中优美的线条，例如太阳、花草、动物，甚至人物也可以作为原型进行抽象变形，再以有序、对称的平面排列表现出来。比较典型的是太阳般发散状的图案、扇形般辐射状的图案、折叠的流线型线条，以及齿轮状图案。艺术装饰风格追求对称、简洁的美感，早期受到立体派的影响，所以多用机械化、几何的线条形式出现；吸收了野兽派和俄派芭蕾的鲜艳色彩后，多用明亮且对比强烈的色彩来装饰；后来又受到法国王室家具工艺的启发，融合了东方的艺术形式。它的典型特征体现在图案元素上，多采用代表20世纪和体现工业发展的元素，例如放射状的太阳与喷泉、力量、速度、飞行、摩天大楼的线条。机械齿轮、科技的抽象纹样、新时代女性的形体这些图像在当时是时代变革的象征。艺术装饰风格用精致的细节和巧妙的线条体现出贵族气质，同时又不与群众产生距离感。

1.装饰造型

艺术装饰风格多采用抽象的纹样。在设计中大量运用鲨鱼纹、斑马纹、曲折锯齿形状、阶梯图形、粗体与弯曲的曲线、放射状图案，有时还会结合变形文字来进行装饰。

2.装饰色彩

艺术装饰风格通常采用对比强烈的色彩关系，例如黑、白、深灰、咖啡和浅金属色。在局部运用亮丽的色彩来突出图案的纹样和装饰效果。有时也用弱对比、但是反差大的材质来表现。

3.装饰材料

在艺术装饰风格中，金属是常用的材料，因为它在塑造线条的形态上比较有优势。有时候也会选用木质做造型表现，或是采用色彩斑斓的玻璃和其他有华丽感的材料。

4.家具、灯具

家具、灯具的造型继承了装饰风格的特色，多采用直线条，或者对称、发散的组合。材质常用到艺术玻璃、木饰面、华丽的水晶等，布料通常选择厚重、华丽、有质感的类型。

5.配饰器具

艺术装饰风格着重突出具有冲突性的艺术美感，所以饰品建议同样选用有艺术装饰印记的元素。色彩可以鲜亮明快，但是要具有华丽感。羽毛、亮片装饰品和19世纪20年代的建筑摄影都可以作为空间的装饰。

18.3 艺术装饰风格元素列举（见图18-4和图18-5）

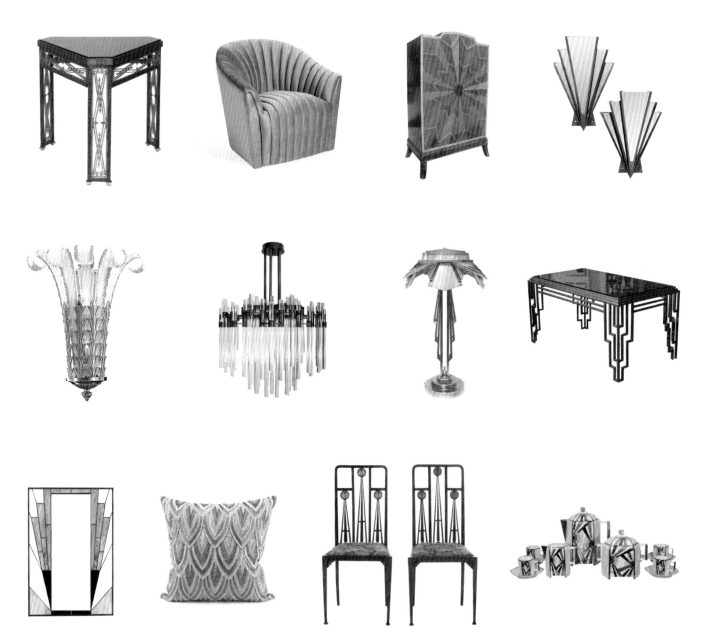

图 18-4

图 18-5

18.4 案例分析

设计：上海伟伦建筑设计有限公司

本项目是位于上海浦东新区的售楼处，建筑面积约3000m²，2019年设计建成。在上海这样一座东西方文化交融的城市，它展示了海派文化的摩登洋派，又带着你来到上海的闹市街头，与邬达克"不期而遇"。邬达克不仅在上海创造了建筑史上的奇迹，也巧妙地将艺术装饰植入申城，构成了现在人们所津津乐道的海派文化。项目继承了海派文化及艺术装饰的格调，也展现了上海的新旧变迁，它就像张爱玲笔中的曼妙人生，是一场触动心灵的艺术之旅。

售楼处入口是故事的开始，老式自行车和复古的行李箱使人迅速抽离现在的时空，将思绪拽回到民国时期，一场百乐门式的繁华盛景即将拉开帷幕。布景手法的运用更有效地点明了空间的主题，渲染空间的文化氛围（见图18-6）。

洽谈区的空间以黑白为主调，精炼地将新老文化融合起来，地面的黑白棋盘格则为软装的布置做了完美的铺垫。家具配合空间选用米白色及深咖啡色皮革为主要材质，增加空间的华丽感（见图18-7）。

图 18-6

图 18-7

图 18-8

对称的铁艺图案是装饰风格的一个重要元素，它体现了工业革命时期社会的迅猛发展。设计师巧妙地将老上海石库门的元素拆解重组，运用在顶面的灯饰造型设计上，成为空间中独具特色的装饰主义构件（见图18-8）。

图 18-9

空间采用高级灰的搭配方式，首先确定基础明度，然后在这个基础明度的基础上，找出相对亮度和相对暗度的色阶，最后再融入一些低饱和度的装饰。可以点缀少许高饱和度色彩，增加空间的活力，例如吧椅（见图18-9）。

图 18-10

璀璨华灯下，回想起曾经的百乐门，夜幕下夜莺笙歌的繁华街巷，再现了曾经的上海风情。吧椅上的金属点缀，以及吧台上的复古装饰，都在细节处展现了装饰风格的独特韵味（见图18-10）。

花艺有烘托空间气氛和突出文化内涵的作用，在选择时，要考虑到空间的色彩搭配。雅致的空间中不宜选择太过鲜艳的颜色，左侧黑白的环境用红枫做主花，既有对比又互相映衬，而右侧环境用玉兰来点明上海文化主题（上海的市花是玉兰花），别具匠心（见图18-11）。

图 18-11

儿童区临近洽谈区，在装饰手法上与室内设计风格同步，但在软装色彩上，选用更明快的柠黄色来迎合儿童的喜好，并在书架上点缀有复古的玩具模型。这里有你的童年，也有父母的童年（见图18-12）。

图 18-12

18.5　设计心语

电影导演： 有时间可以观看电影《了不起的盖茨比》来体验一下艺术装饰和那个时代所带给人们的时尚，品尝那个时代的装饰韵味，这样可以帮助大家更好地运用艺术装饰风格。

艺术家： 上海是世界上艺术装饰风格建筑最多的城市之一，因此在对上海风格进行定位的时候也会用到艺术装饰风格，例如我们熟悉的和平饭店、百乐门都是艺术装饰风格的代表建筑。

时尚设计师： 打造艺术装饰风格时需要用到鲜艳的颜色，但是鲜艳不等同于艳俗，而是一种高贵的纯度和高级感。在搭配中要提升各种制品的精致度和华丽感，运用有色玻璃往往可以达到一种意想不到的效果。

思考题 ?
1. 艺术装饰的图案可以运用在哪些设计中？
2. 到上海街头游访，用照相机记录下不同的艺术装饰风格建筑、纹样、家具、灯具、以及艺术作品，整理成册，并进行元素的解析。

图 19-1

Chapter 19 / 第十九章
混搭风格

混搭风格是冲破传统意义上的搭配定义，经过仔细的思考、推敲后将不同地域、文化、背景、风格、材质的物件甚至毫不相干的元素根据功能的需求提炼并组合而成的一种有个性且多元化的组合形式。它强调空间的层次感、材料的多元化、色彩的多样性，体现一个时期的潮流和设计者的喜好以及经历。混搭风格是一种高层次的创作境界，要求设计师具备较高的设计素养与实践经验，深入生活，且运用最简练的设计语言将空间、人及物进行合理精致的组合与再创造，从而表达出更深的设计内涵，描绘出更为丰富、有层次的空间效果。混搭风格并不是简单地把各种风格元素叠加在一起，而是把它们有主次地进行组合后达到和谐的效果。如今的混搭大致分为两种，一种称为"中西合璧"，旨在将东西方美学精髓糅合在同一空间里；另一种称为"通古达今"，旨在将古今文化内涵完美地结合于一体，从而创造出一种有内涵的空间形式（见图19-1~图19-3）。

图 19-2

图 19-3

19.2 混搭风格的特征

混搭风格具有自主性，它不受拘束，随着不同设计者的意识、认知以及喜好而呈现出不同的效果。混搭风格受设计者的主观意识牵引，所以它没有单一的答案，而是在一定程度上彰显着设计者的性格特征和经历。混搭风格具有随意性，它结合了其他搭配风格的元素和特点，所以兼备多种风格的特征，打破了现代与古典、奢华与素雅、繁琐与简洁的单纯世界，跨年代、跨背景、跨文化地将独特自由的一面展现在人们面前。混搭风格是一种很特别的表现形式，它可以摆脱沉闷，突出重点，非常符合当今人们追求个性化和随意张扬的生活态度，也更能顺应全球化带来的文化引入。

1.装饰造型

多数混搭风格的主基调会体现当代文化，而辅助搭配形态是反当代、反主基调文化特征的。混搭风格的造型没有固定的特征，换句话说，它有可能具备其他风格的任意特征，因为它是多元化的，也是多种风格的结合体。

2.装饰色彩

混搭风格的色彩可能性多种多样，它有可能是和谐的中性色调，也有可能是两种冲撞色彩， 还有可能是多种色彩相互结合。正因为混搭风格包含了众多的色彩，才可以让空间更为跃动，具有强大的吸引力。

3.装饰材料

混搭风格的装饰材料可以随意进行揉捏融合，木材、石材、玻璃、金属、陶瓷，甚至塑料、亚麻都有可能出现在空间中，但在搭配中需要分清主次关系，以免变成"空间混战"。

4.家具、灯具

混搭风格是对异地的文化追求，也是对过去的追思，再或者是对未来的向往，所以它往往会设定在当代的环境中，选择复古家具或是超前卫家具，再或者是在古典的空间内加入一盏现代的吊灯。

5.配饰器具

混搭风格的配饰器具可以随心所欲地进行选择，例如在素雅的古典环境中加入亮丽的抽象派艺术，或者在西式的设计中加入许多中国元素，就像法国凡尔赛宫出现的中国青花瓷和一件件中国家具，就是在那个时代下形成的混搭风格。

19.3　混搭风格元素列举（见图19-4和图19-5）

图 19-4

图 19-5

19.4　案例分析

设计：立方体设计事务所

这是一个混搭风格的娱乐空间设计，它将传统的艺术装饰风格打碎并重新组合，加入了靓丽的色彩及有趣的元素，有些空间用概念替换的手法为空间带来更多的可观赏性，呈现出一场跨时代的大咖秀。在全球化和互联网时代的今天，风格的边界也逐步开始柔化并融合成为新的样貌。

艺术装饰的图案在硬装设计时就体现在墙面、地面、柱子以及顶面的处理上，配合着多样的元素、字体装饰物等，选用了同样语言的变形字体，但在家具陈设上选用了一些洛可可式的装饰元素来创造出一种戏剧性的冲突（见图19-6）。

KTV的设计可以更为大胆地运用混搭元素，甚至可以将夸张的玩具或卡通造型运用到空间里，形成空间的亮点，使其成为网红聚集地（见图19-7和图19-8）。

图 19-6

图 19-7

图 19-8

混搭风格在颜色的运用方面也可以更为大胆，一切好像都是无厘头的存在，但其实都是在精心布置下形成的，视觉上非常和谐（见图19-9）。

可以看出在混搭风格中最大的特色就是给人一种意想不到的效果，出乎意料才能更加打动人心（见图19-10）。

家具选用欧式风格，但用靓丽的色彩来改变它原有的规律性，形成新的设计秩序。蜡烛台、书籍等也都是采用了这一表现手法（见图19-11）。

19.5 设计心语

软装设计师：混搭风格需要抓住重点，从而掌握好主基调。合理进行取舍，并且突出设计主线，这样整体

图 19-9

图 19-10

图 19-11

风格才不会显得杂乱。最初接触混搭风格时可以采用8：2或者7：3的搭配比例，即主基调的物品占80%或70%，辅助搭配的风格占20%或30%。

大学教授：混搭风格不等同于百搭，所以切勿混乱地在空间中运用每一种风格。在搭配前要深刻地解读各个历史时期和风格的特征，从而避免混乱再造。早期在练习中可以先从处理、协调两到三个空间中的不同风格搭配入手，循序渐进，不急于求成，最终达到更高的艺术效果。

室内设计师：混搭风格的要点在于给人惊喜，所以在设计中要抓住空间的主次关系，先铺垫一种广义的风格特征，然后在不经意间点入提炼出的其他风格特质，使两者之间形成一种戏剧化的冲突，打造出一个有趣的空间。

时尚设计师：混搭风格要注意不能过多地选取高明度和高饱和度的色彩，否则破坏空间的和谐，影响空间的质感。可以用中明度、低饱和度的色彩作为主基调，再用高纯度的色彩去打破原有的和谐，还可以用撞色的手法来进行创造。

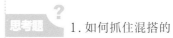

思考题 ? 1. 如何抓住混搭的主线？

2. 用古今融合的设计手法打造一个酒店大堂空间软装意向。

参考文献

[1] 吴天簌（TC吴）. 软装风格要素 [M] . 南京：江苏凤凰科学技术出版社，2016.

[2] 文健，胡婷. 室内色彩、家具与陈设设计 [M] . 3版. 北京：清华大学出版社，2018.

[3] 蔡赫. 家具设计3D模拟库 [M] . 北京：中国建筑工业出版社，2005.

[4] 理想·宅. 室内设计实战手册:照明设计 [M] . 北京：化学工业出版社，2018.

[5] 高钰. 室内设计风格图文速查 [M] . 北京：机械工业出版社，2010.

[6] 李江军. 室内装饰设计与软装速查 [M] . 北京：中国电力出版社，2018.

[7] 张绮曼，郑曙旸. 室内设计资料集 [M] . 北京：中国建筑工业出版社，1991.

[8] 张绮曼，郑曙旸. 室内设计的风格样式与流派 [M] . 2版. 北京：中国建筑工业出版社，2006.

[9] 刘敦桢. 中国古代建筑史 [M] . 2版. 北京：中国建筑工业出版社，2008.

[10] 北京普元文化艺术有限公司，PROCO普洛可时尚. 室内设计实用配色手册 [M] . 南京：江苏凤凰科学技术出版社，2016.

[11] 王受之. 世界现代建筑史 [M] . 2版. 北京：中国建筑工业出版社，2012.

[12] 王受之. 世界现代设计史 [M] . 2版. 北京：中国青年出版社，2015.

[13] 潘吾华. 室内陈设艺术设计 [M] . 3版. 北京：中国建筑工业出版社，2013.

[14] 许亮，董万里. 室内环境设计 [M] . 重庆：重庆大学出版社，2003.

[15] 朱钟炎，王耀仁. 室内环境设计原理 [M] . 上海：同济大学出版社，2004.

[16] 2007威能杯中国（住宅）室内设计明星大赛组委会. 新锐 心语：2007威能杯中国（住宅）室内设计明星大赛访谈录 [M] .
　　　大连：大连理工大学出版社，2008.

[17] 孙景浩，孙德元. 中国民居风水 [M] . 上海：上海三联书店，2005.

[18] 徐宾宾. 品位：陈设艺术 [M] . 武汉：华中科技大学出版社，2011.

[19] 黄艳. 陈设艺术设计师手册 [M] . 北京：中国建筑工业出版社，2010.

[20] 康海飞. 家具设计资料图集 [M] . 上海：上海科学技术出版社，2008.

[21] 严建中. 软装设计教程 [M] . 南京：江苏人民出版社，2013.

[22] 李银斌. 软装设计师手册 [M] . 北京：化学工业出版社，2014.

[23] 简名敏. 软装设计师手册 [M] . 南京：江苏人民出版社，2011.

[24] 许秀平. 室内软装设计项目教程：居住与公共空间风格 元素 流程 方案设计 [M] . 北京：人民邮电出版社，2016.

[25] 张绮曼，潘吾华. 室内设计资料集2 [M] . 北京：中国建筑工业出版社，1999.